电气综合实验指导书

杨 洋 左义军 张 蕊 编著

苏州大学出版社
Soochow University Press

图书在版编目(CIP)数据

电气综合实验指导书 / 杨洋，左义军，张蕊编著. — 苏州：苏州大学出版社，2017.4
ISBN 978-7-5672-2069-0

Ⅰ.①电… Ⅱ.①杨… ②左… ③张… Ⅲ.①电气设备-试验-高等职业教育-教学参考资料 Ⅳ.①TM02-33

中国版本图书馆 CIP 数据核字(2017)第 050984 号

电气综合实验指导书

杨　洋　左义军　张　蕊　编著

责任编辑　苏　秦

苏州大学出版社出版发行

(地址:苏州市十梓街1号　邮编:215006)

苏州恒久印务有限公司印装

(地址:苏州市友新路28号东侧　邮编:215128)

开本 787mm×1 092mm　1/16　印张 12.25　字数 299 千

2017 年 4 月第 1 版　2017 年 4 月第 1 次印刷

ISBN 978-7-5672-2069-0　定价:36.00 元

苏州大学版图书若有印装错误,本社负责调换

苏州大学出版社营销部　电话:0512-65225020

苏州大学出版社网址 http://www.sudapress.com

Preface 前言

实验是学习电气技术的一个重要环节,对巩固加深课堂教学效果,提高学生实践能力,培养良好的职业素养,以及为未来从事工程技术实践工作奠定基础具有重要作用.

本书结合电气相关专业主干课程理论教学内容,以常用实验设备为载体,对各门课程实验项目进行梳理汇总,将实验的目标、内容、步骤以及重点、难点进行简明阐述,使学生易于掌握,帮助学生系统理解相关知识,熟悉运用相关设备、仪器、方法等提升实践动手能力.

本书共分为11个实验项目,其中,项目一和项目二为基础实验,项目三~项目十一为专业实验.本书适合机电类各专业高职学生使用,是教师和学生的好帮手,是一本实用、有效的高职实验教学用书.

全书由上海工程技术大学高职学院、上海市高级技工学校杨洋、左义军、张蕊编著,参加编写的还有彭远方、华艳秋、张文蔚、周荣晶等.

由于编者水平有限,书中错误和不妥之处在所难免,敬请读者批评指正.

编 者

Contents 目录

项目一 电工技术

实验一 电路元件伏安特性测试

一、实验目的

1. 掌握几种元件的伏安特性的测试方法.
2. 掌握实际电压源和电流源的使用和调节方法.
3. 学习常用直流电工仪表和设备的使用方法.

二、实验仪器

1. 直流电压表.
2. 直流电流表.
3. 万用表(微安挡).
4. 可调直流电压源.
5. 多功能实验网络.

三、实验原理

1. 在电路中,电路元件的特性用该元件上的电压 U 与通过元件的电流 I 之间的函数关系 $U=f(I)$ 来表示,这种函数关系称为该元件的伏安特性,有时也称为外特性. 用 U 和 I 分别作为纵坐标和横坐标绘成曲线,这种曲线就叫作伏安特性曲线或外特性曲线.

2. 本实验中所用元件为线性电阻、一般半导体二极管整流元件及稳压二极管等常见的电路元件.

线性电阻的伏安特性是一条通过原点的直线,该直线的斜率等于该电阻的数值.

一般半导体二极管是一个非线性电阻元件,正向压降很小(一般的锗管约为 0.2～0.3V,硅管约为 0.5～0.7V),正向电流随正向压降的升高急剧上升,而反向电压从零一直增加至十多甚至几十伏时,反向电流增加很小,可视为零. 可见,二极管具有单向导电性,但反向电压加得过高,若超过管子的极限值,则会导致管子击穿损坏.

稳压二极管是非线性元件，正向伏安特性类似普通二极管，但其反向伏安特性则较特别. 在反向电压开始增加时，其反向电流几乎为零，但当电压增加到某一数值(一般称稳定电压)时，电流突然增加，以后它的端电压维持恒定，不再随外电压升高而增加. 这种特性在电子设备中有着广泛的应用.

四、实验步骤及数据分析

1. 测定一线性电阻 R 的伏安特性.

(1) 按图 1-1(a)所示接线，电阻 R 就用电路实验单元的多功能网络中 510Ω 的电阻，或在电路实验单元上自由接插元器件.

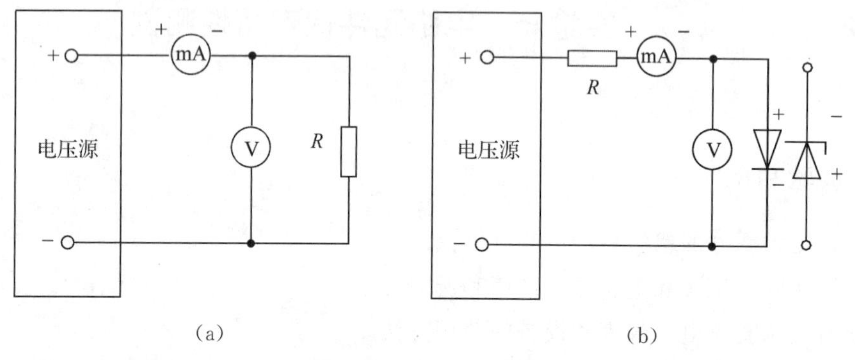

图 1-1　实验一电路图

(2) 调节可调稳压、稳流源的稳压源输出电压，使其从 0 开始缓慢增加，一直至 10V，将不同电压下对应的电流值记入表 1-1 中，作出线性电阻的伏安特性曲线.

表 1-1　线性电阻的伏安特性

U/V						
I/mA						

2. 测二极管的正向特性时，其正向电流不得超过 25mA，二极管的正向压降可在 0～0.75V之间取值. 将相对应的电压和电流值记入表 1-2 中. 做反向特性实验时，只须将图 1-1(b)中的二极管反接，其反向电压可加至 30V(二极管在电路实验单元的多功能实验网络上).

表 1-2　一般硅二极管的伏安特性(正向特性实验数据)

U/V						
I/mA						

3. 测定稳压二极管的反向伏安特性.

将步骤 2 中的一般二极管换成稳压二极管，重复实验内容，并将数据记入表 1-3 中.

表 1-3　稳压二极管的伏安特性(正向特性实验数据)

U/V						
I/mA						

五、注意事项

1. 实验时,电流表应串联在电路中,电压表应并联在被测元件上,极性切勿接错.
2. 合理选择量程,切勿使电表超过量程.
3. 稳压电源输出应由小至大逐渐增加,输出端切勿短路.

实验二 基尔霍夫定律验证

一、实验目的

1. 加深对基尔霍夫定律的理解,用实验数据验证基尔霍夫定律.
2. 熟练仪器仪表的使用技术.

二、实验仪器

1. 多功能实验网络.
2. 直流电压表(15V,$R_{in}=200\text{k}\Omega$).
3. 直流电流表(25mA,$R_{in}=0.4\Omega$).

三、实验原理

基尔霍夫定律有两条:一条是电流定律,另一条是电压定律.

1. 基尔霍夫电流定律(简称 KCL).

在任一时刻,流入电路任一节点的电流总和等于该节点流出的电流总和,换句话说,在任一时刻,流入电路任一节点的电流的代数和为零,即$\sum I=0$.这一定律实质上是电流连续性的表现.运用这条定律时必须注意电流的方向,如果不知道电流的真实方向时可以先假设电流的正方向(也称参考方向),根据参考方向就可写出基尔霍夫电流定律的表达式.

2. 基尔霍夫电压定律(简称 KVL).

在任一时刻,沿闭合回路电压降的代数和总等于零,即$\sum U=0$.

四、实验步骤及数据分析

实验电路如图 1-2 所示.

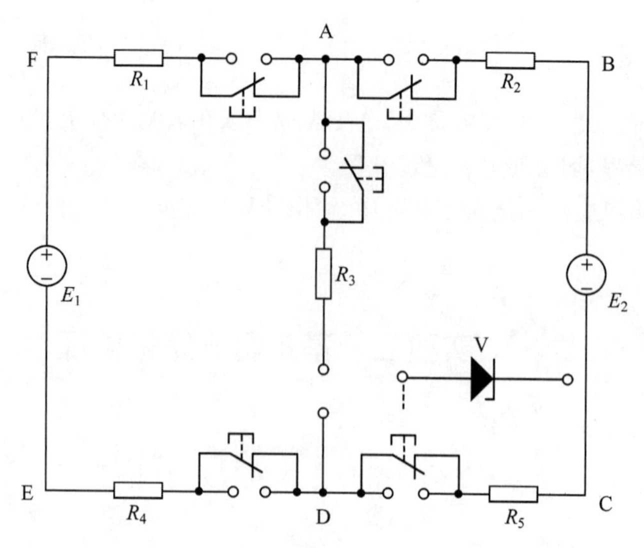

图 1-2 实验二电路图

1. 测 I_{AF}、I_{AB}、I_{AD}、I_{DC}、I_{DE}，验证 $\Sigma I_A=0$、$\Sigma I_D=0$.

2. 测 U_{AF}、U_{FE}、U_{ED}、U_{DA}、U_{AB}、U_{BC}、U_{CD}，验证 $\Sigma U_{ABCD}=0$、$\Sigma U_{ADEF}=0$.

3. 以 V 代替 R_5，重新测试.

将实验数据记入表 1-4 和表 1-5 中.

表 1-4 电流定律实验数据($E_1=15V, E_2=22V$)

序列	I_{AF}	I_{AB}	I_{AD}	I_{DC}	I_{DE}
测量值/A					
计算值 ΣI_A/A					
计算值 ΣI_D/A					

表 1-5 电压定律实验数据($E_1=15V, E_2=22V$)

序列	U_{AF}	U_{FE}	U_{ED}	U_{DA}	U_{AB}	U_{BC}	U_{CD}
测量值/V							
计算值 ΣU_{ABCD}/V							
计算值 ΣU_{ADEF}/V							

实验三 叠加定理验证

一、实验目的

1. 通过实验来验证线性电路中的叠加原理及其适用范围.

2. 学习直流仪器仪表的测试方法.

二、实验仪器

1. 多功能实验网络.
2. 可调电压源(10～20V).
3. 可调电流源(0～50mA).
4. 直流电压表(1 只).
5. 直流电流表(1 只).

三、实验原理

几个电动势在某线性网络中共同作用时(也可以是几个电流源共同作用,或电动势和电流源混合共同作用),它们在电路中任一支路产生的电流或在任意两点间产生的电压降,等于这些电动势或电流源分别单独作用时,在该处所产生的电流或电压降的代数和,这一结论称为线性电路的叠加原理.如果网络是非线性的,则叠加原理不适用.

本实验中,先使电压源和电流源分别单独作用,测量各点间的电压、各支路的电流,然后再使电压源和电流源共同作用,测量各点间的电压和各支路的电流,验证是否满足叠加原理.

四、实验步骤及数据分析

实验电路如图 1-3 所示.

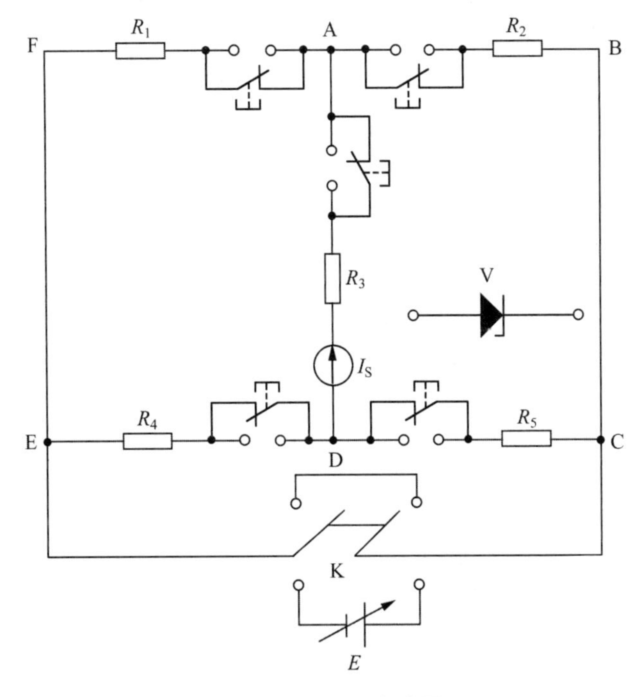

图 1-3　实验三电路图

1. 短接 E,I_S 单独作用时,测各支路电压、电流.
2. 开路 I_S,接入 E 后测各支路电压、电流.
3. 测量 E、I_S 同时作用时,各支路电压、电流.
4. 验证电流、电压叠加原理.

将实验数据记入表 1-6 中.

表 1-6 验证叠加原理实验数据($E=10\text{V}$,$I_S=15\text{mA}$)

序列	U_{FA}	I_{FA}	U_{AB}	I_{AB}	U_{ED}	I_{ED}	U_{DC}	I_{DC}	U_{DA}	I_{DA}
$E=10\text{V}$ 单独作用										
$I_S=15\text{mA}$ 单独作用										
E 和 I_S 共同作用										
偏差$\lvert\Delta\rvert$										

五、注意事项

1. 稳流源不应开路,否则它两端的正电压会很高.为安全起见,在断开 I_S 前,先用一短线将 I_S 短接,然后断开 I_S.

2. 稳压源不应短路.

实验四 戴维南定理及诺顿定理

一、实验目的

1. 用实验来验证戴维南定理、诺顿定理.
2. 进一步学习常用直流仪器仪表的使用方法.

二、实验仪器

1. 多功能实验网络.
2. 直流可调电压源.
3. 直流可调电流源.
4. 直流电压表.
5. 直流电流表.
6. 智能精密可调电阻.

三、实验原理

任何一个线性网络,如果只研究其中的一个支路的电压和电流,则可将电路的其余部分看作一个含源一端口网络.任何一个线性含源一端口网络对外部电路的作用,可用一个等效电压源来代替,该电压源的电动势 E_S 等于这个含源一端口网络的开路电压 U_{abo},其等效内阻 R_S 等于这个含源一端口网络中各电源均为零时(电压源短接,电流源断开)无源一端口网络的入端电阻.这个结论就是戴维南定理.

如果用等效电流源来代替上述含源一端口网络,其等效电流 I_S 等于这个含源一端口网络的短路电流 I_{abs},其等效内电导等于这个含源一端口网络各电源均为零(电压源短路,电流源开路)时所对应的无源一端口网络的入端电导.这个结论就是诺顿定理.

四、实验步骤及数据分析

1. 设定 I_S、E_S.

2. 测定图 1-4 中 AB 支路从开路到短路状态下的 U_{AB}、I_{AB}.

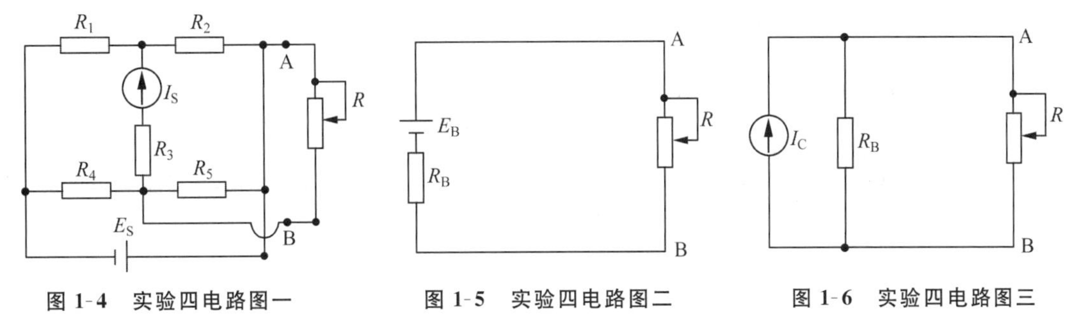

图 1-4　实验四电路图一　　图 1-5　实验四电路图二　　图 1-6　实验四电路图三

3. $E_B=U_{AB}$(开路电压),

   $I_C=I_{AB}$(短路电流),

   $R_B=\dfrac{U_{AB}}{I_{AB}}$.

4. 测试图 1-5 中 AB 支路的电压、电流关系.

5. 测试图 1-6 中 AB 支路的电压、电流关系.

将相关实验数据填入表 1-7~表 1-9 中,将实验测得的结果与相关特性做比较.

表 1-7　有源一端口网络的外特性 $U_{AB}=F(I_R)$ 数据($E_S=10\text{V}$,$I_S=15\text{mA}$)

R/Ω	0	10	20	50	100	200	300	500	1k	∞
U_{AB}/V		—								
I_R/mA		—								

有源一端口网络的外特性 $U_{AB}=F(I_R)$ 曲线如图 1-7 所示.

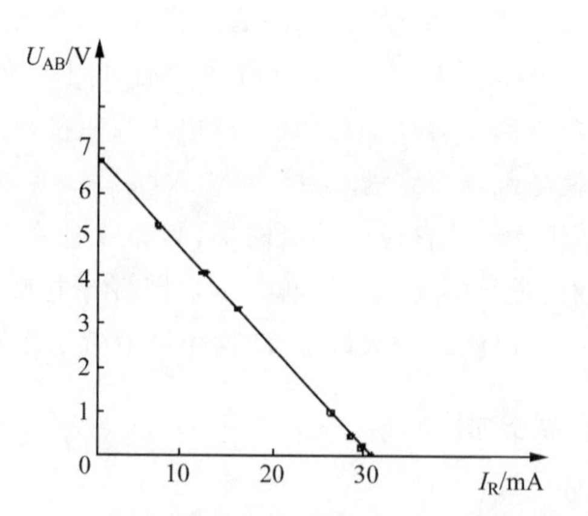

图 1-7 有源一端口网络的外特性 $U_{AB}=F(I_R)$ 曲线

表 1-8 等效电压源的外特性 $U_{AB}=F(I_R)$ 数据

R/Ω	0	10	20	50	100	200	300	500	1k	∞
U_{AB}/V										
I_R/mA										

等效电压源的外特性曲线如图 1-8 所示.

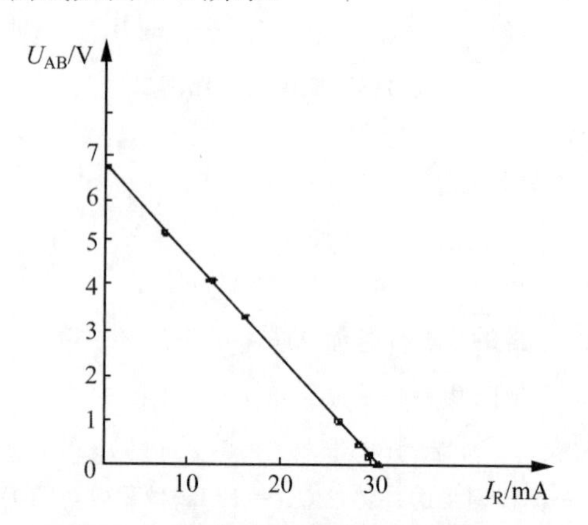

图 1-8 等效电压源的外特性曲线

表 1-9 等效电流源的外特性 $U_{AB}=F(I_R)$ 数据

R/Ω	0	10	20	50	100	200	300	500	1k	∞
U_{AB}/V										
I_R/mA										

等效电流源的外特性曲线如图 1-9 所示.

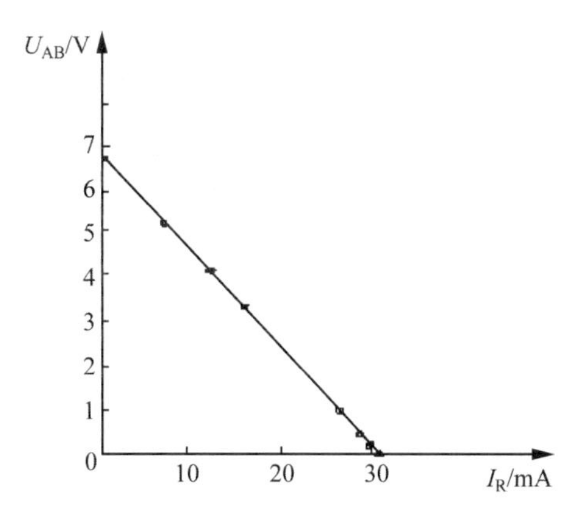

图 1-9　等效电流源的外特性曲线

结论:经比较,等效电压源与等效电流源的外特性相同,即戴维南定理及诺顿定理成立.

实验五　电压源、电流源的测试及等效转换

一、实验目的

1. 了解理想电流源与理想电压源的外特性.
2. 验证电压源与电流源互相进行等效转换的条件.

二、实验仪器

1. 直流可调电压源.
2. 直流可调电流源.
3. 智能精密可调电阻.
4. 直流电压表.
5. 直流电流表.
6. 多功能实验网络.

三、实验原理

在电工理论中,除理想电压源外,还有一种理想电源,即理想电流源.在所接负载电阻变化时,理想电流源供出的电流能维持不变;理想电压源接上负载后,当负载变化时其输出电压保持不变.在实际工程中,绝对的理想电源是不存在的.

一个实际电源,就其外特性而言,既可以看成是电压源,又可以看成是电流源.电流源用一个理想电压源 I_S 与一电导 g_0 并联的组合来表示,电压源用一个理想电压源 E_S 与一电阻 R 串联的组合来表示.

一个实际的电压源与一个实际的电流源，它们向同样大小的负载供出同样大小的电流 I，电源的端电压 U 也相等，那么这个电压源和电流源是等效的，即电压源与等效电流源有相同的外特性.

一个电压源与一个电流源相互进行等效转换的条件为

$$I_S=E_S/r_0, g_0=1/r_0 \text{或} E_S=I_S/g_0, r_0=1/g_0$$

四、实验步骤及数据分析

1. 电压源测试.

实验电路如图 1-10 所示.

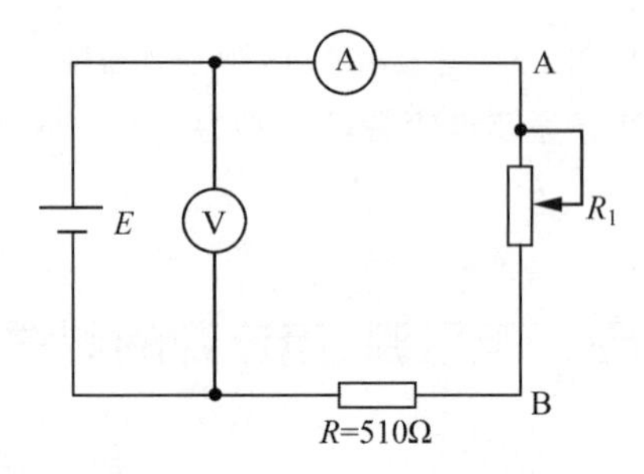

图 1-10　电压源测试电路图

(1) 调节 E 为 10V 左右，固定不变.

(2) 调节 R_1 从 0～1kΩ 变化，测试 U、I.

(3) 绘制电压源的负载特性 U-I.

将实验数据记入表 1-10 中，理想电压源外特性如图 1-11 所示.

表 1-10　数据表

R_1/Ω	0	20	50	100	200	500	1k
I/mA							
U/V							

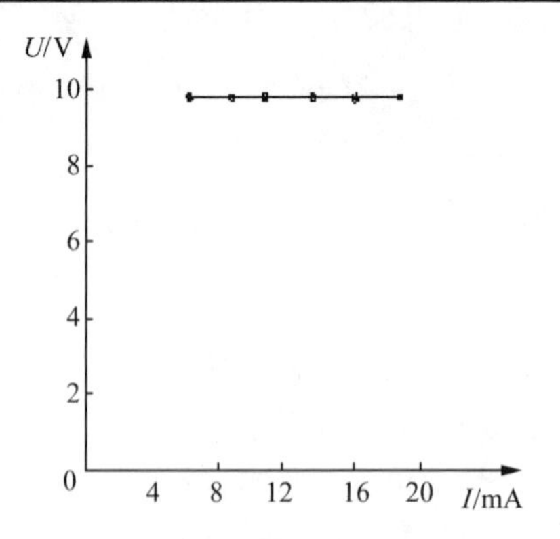

图 1-11　理想电压源外特性

2. 电流源测试.

实验电路如图 1-12 所示.

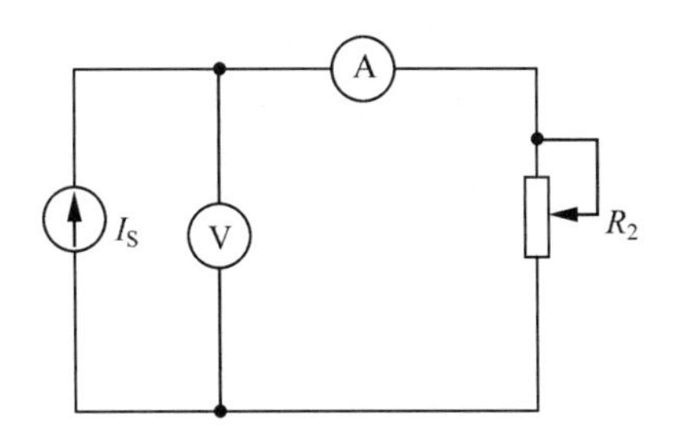

图 1-12 电流源测试电路图

(1) 调节 I_S,$R_2=0$ 使 I_S 为固定值 20mA.

(2) 调节 R_2 从 0～1kΩ 变化,测试 U、I.

(3) 绘制电流源的负载特性 U-I.

将实验数据填入表 1-11 中,理想电流源外特性如图 1-13 所示.

表 1-11 数据表

R_2/Ω	0	20	50	100	200	500	1k
U/V							
I/mA							

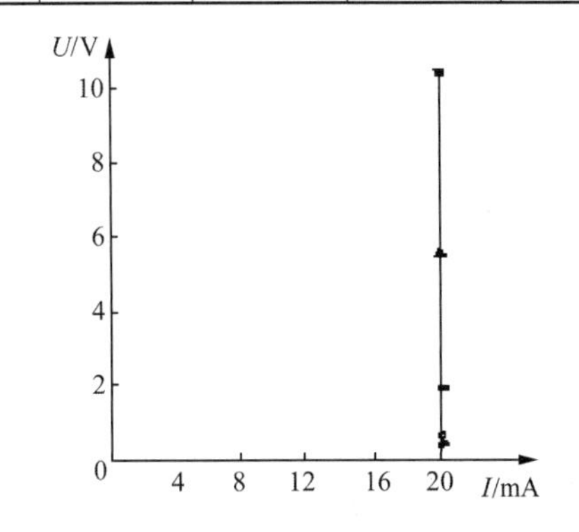

图 1-13 理想电流源外特性

3. 等效转换.

实验电路一如图 1-14 所示.

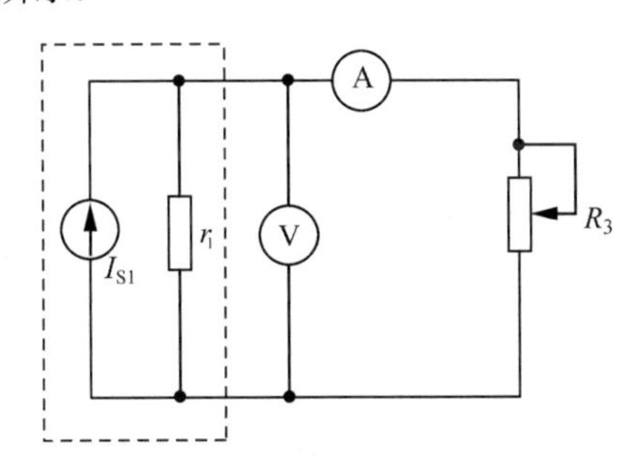

图 1-14 等效转换电路图一

(1) 设定 $r_1=510\Omega$，$I_{S1}=20\text{mA}$.

(2) 调节 R_3 从 0～1kΩ 变化，测 U-I 特性.

将实验数据填入表 1-12 中，实际电流源外特性如图 1-15 所示.

表 1-12　数据表

R_3/Ω	0	20	50	100	200	300	500	1k	∞
U/V									
I/mA									

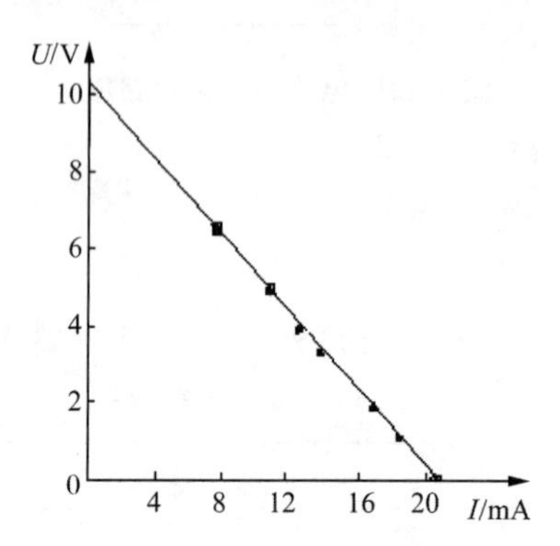

图 1-15　实际电流源外特性

实验电路二如图 1-16 所示.

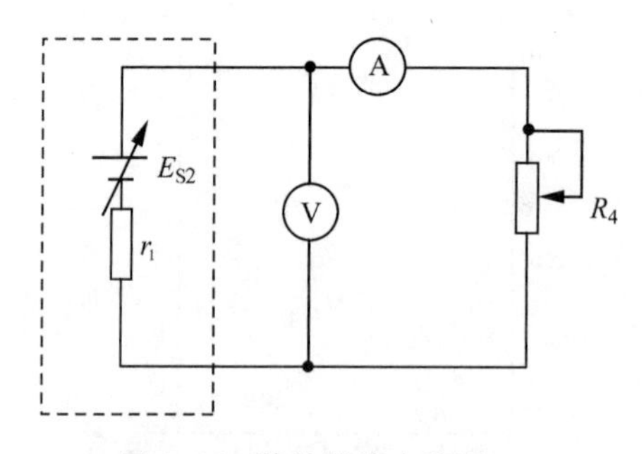

图 1-16　等效转换电路图二

(3) 设定 $E_{S2}=I_{S2}\cdot r_2$，$r_2=\dfrac{E_{S2}}{I_{S2}}$.

(4) 调节 R_4 从 0～1kΩ 变化，测 U-I 特性.

(5) 与前次的测试比较.

将实验数据填入表 1-13 中，实际电压源外特性如图 1-17 所示.

表 1-13　数据表

R_4/Ω	0	20	50	100	200	300	500	1k	∞
U/V									
I/mA									

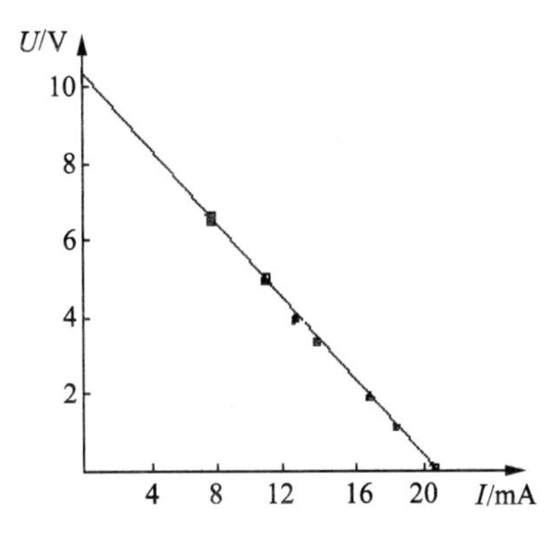

图 1-17 实际电压源外特性

实验六 交流电流元件参数的测量

一、实验目的

采用电压表、电流表法和功率表法进行实验，测量含电感、电阻及电容的电路的等值参数.

二、实验仪器

1. 谐振及瞬态响应实验单元.
2. 交流电流表.
3. 交流电压表.
4. 功率表.

三、实验原理

交流电路中的基本参数是电阻、电感及电容. 在一定的条件下往往可以做一些近似处理.

1. 在频率不高的情况下往往忽略元件分布电容和分布电感的影响，而在频率较高的时候又往往忽略元件电阻的作用.

2. 在某种情况下可以把分布参数的作用等效为一集中参数来加以考虑. 本实验中，将在 50Hz 工频交流电源下测试一些电路元件的等效集中参数.

其中，交流电路参数的测试方法很多，元件参数“实际”测试法，即通过对元件实际工作时的电压或电流进行计算得到等效参数，这种方法有实际意义，对线性元件和非线性元件都适用. 测试变压器的等效参数必须在额定电压或额定电流下进行，测试铁芯线圈参数应该在实际工作电压或电流下进行，原因是这些参数都与电压或电流大小有关.

RLC 电路有关理论计算公式如下：

$$|Z|=\sqrt{R^2+X_C^2+X_L^2}$$

$$Z=R-jX_C+jX_L=R-j\frac{1}{\omega C}+j\omega L$$

$$\cos\varphi=\frac{R}{|Z|}$$

$$\varphi=\arccos\varphi$$

本实验采用电压表、电流表法和功率表法来测量含电感、电阻及电容电路的等值参数. 计算负载阻抗及负载元件的功率因数的相关公式如下：

负载阻抗：$|Z|=\dfrac{U_3}{I}$

功率因数角：$\varphi=\arccos\varphi$

功率因数：$\cos\varphi=\dfrac{U_1^2-U_3^2-U_2^2}{2U_2U_3}$

采用功率表法进行实验测量含电感、电阻及电容电路的等值参数，相关公式如下：

负载阻抗：$|Z|=\dfrac{U_3}{I}$

功率因数：$\cos\varphi=\dfrac{P}{UI}$

功率因数角：$\varphi=\arccos\varphi$

四、实验步骤及数据分析

1. 采用电压表、电流表法.

实验电路如图 1-18 所示.

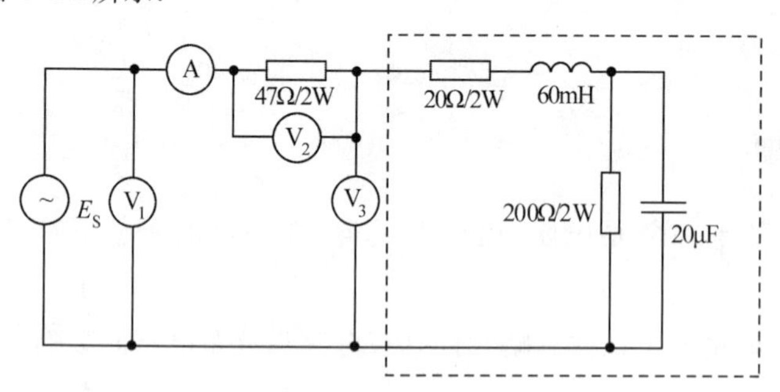

图 1-18　采用电压表、电流表法电路图

(1) 设定 $E_{S1}=10V$，$f_{ES1}=50Hz$，测电流表 A 及电压表 V_1、V_2、V_3 的读数.

(2) 计算一端网络的 $|Z|$、$\cos\varphi$、φ.

将实验数据填入表 1-14 中.

表 1-14　采用电压表、电流表法数据表

	I/mA	U_1/V	U_2/V	U_3/V
$E_S=10V, f_{ES1}=50Hz$				
$\|Z\|$				
$\cos\varphi$				
φ				

2. 采用功率表法.

实验电路如图 1-19 所示.

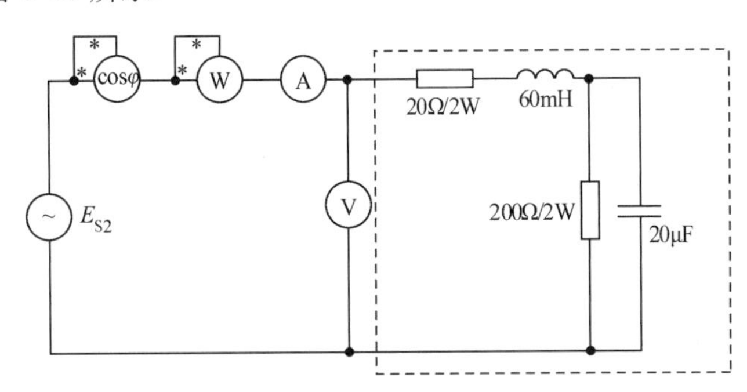

图 1-19　采用功率表法电路图

(1) $E_S=10V$，$f_{ES2}=50Hz$.

(2) 测表 W、A、V 的读数及 $\cos\varphi$.

(3) 计算 $|Z|$、$\cos\varphi$、φ 及网络等效参数.

理论计算：

$$Z=20+100\times3.14\times60\times10j+\frac{300\times\frac{1}{2\times3.14\times10^{-3}}j}{300-\frac{1}{2\times3.14\times10^{-3}}j}=86-33.6\times3.14j$$

$$|Z|=\sqrt{86^2+(33.6\times3.14)^2}=136.1$$

$\cos\varphi=0.775$，$\varphi=39.2°$

将实验数据填入表 1-15 中.

表 1-15　采用功率表法数据表

	P	I/mA	U_1/V	$\cos\varphi$
$E_{S2}=10V, f_{ES2}=50Hz$	0.57	75	10	0.77
$\|Z\|$				
$\cos\varphi$				
φ				

实验七 串联谐振电路

一、实验目的

研究串联谐振电路的特性.

二、实验仪器

1. 信号源.
2. 动态实验单元.
3. 宽频带电压表.
4. 双踪示波器.

三、实验原理

在 RLC 串联电路中,当外加正弦交流电压的频率可变时,电路中的感抗、容抗和电抗都随着外加电源频率的改变而变化,因而电路中的电流也随着频率而变化. 将这些物理量随频率而变化的特性绘成曲线,就是它们的频率特性曲线.

由于$X_L=\omega L$,$X_C=\dfrac{1}{\omega C}$,有

$$X=X_L-X_C=\omega L-\frac{1}{\omega C}$$

$$Z=\sqrt{R^2+\left(\omega L-\frac{1}{\omega C}\right)^2}$$

$$\varphi=\arctan\frac{\omega L-\frac{1}{\omega C}}{R}$$

$X_L=X_C$ 时的频率叫作串联谐振角频率 ω_0,这时电路呈谐振状态,谐振角频率为 $\omega_0=\dfrac{1}{\sqrt{LC}}$,谐振频率 $f_0=\dfrac{1}{2\pi\sqrt{LC}}$.

可见谐振频率决定于电路参数 L 及 C,随着频率的变化,在 $\omega<\omega_0$ 时电路呈容性;$\omega>\omega_0$ 时电路呈感性;$\omega=\omega_0$ 即在谐振点时电路出现纯阻性.

维持外加电压 U 不变,将谐振时的电流表示为 $I_0=\dfrac{U}{R}$.

电路的品质因数为 $Q=\dfrac{\omega L}{R}$.

电路的 L 及 C 维持不变,只改变 R 的大小时,可以作出不同 Q 值时的谐振曲线,Q 值越大,曲线越尖锐. 在这些不同 Q 值的谐振曲线图上,通过纵坐标 0.707 处作一平行与横轴的

直线，与各谐振曲线交于两点 ω_1、ω_2，Q 值越大，这两点之间的距离越小，可以证明

$$Q=\frac{\omega_0}{\omega_2-\omega_1}$$

上式说明电路的品质因数越大，谐振曲线越尖锐，电路的选择性越好，相对通频率带 $\frac{\omega_0}{\omega_2-\omega_1}$ 越小，这就是 Q 值的物理意义.

四、实验步骤及数据分析

1. 选择 $L=20\text{mH}$，$C=0.1\mu\text{F}$，$R=300\Omega$.

2. 保持 E_S 幅值基本不变，改变频率，测量 U_R、U_C、U_L、E_S，并观察 U_R、E_S 相位，将数据记入表 1-16 中.

表 1-16　测 $R=300\Omega$ 时谐振曲线数据表

串联谐振回路参数									
$R=300\Omega$，$C=0.1\mu\text{F}$，$L=20\text{mH}$，$f_0=3560\text{Hz}$									
$\frac{f}{f_0}$	0.1	0.15	0.2	0.3	0.4	0.5	0.6	0.8	1.0
f/Hz	356	534	712	1068	1424	1780	2130	2848	3560
E_S/V	2.936	2.956	2.030	2.89	2.832	2.761	2.673	2.443	2.302
U_C/V	2.964	3.009	3.034	3.08	3.127	3.21	3.293	3.346	3.183
U_R/V	0.209	0.318	0.424	0.662	0.904	1.134	1.348	1.804	1.989
U_L/V	0.036	0.085	0.138	0.334	0.572	0.874	1.216	2.038	2.539
$\frac{U_R}{E_S}$	0.071	0.11	0.14	0.23	0.32	0.41	0.5	0.74	0.62
$\frac{f}{f_0}$	1.5	2.0	3.0	4.0	5.0	6.0	8.0	10.0	
f/Hz	5340	7120	10680	14240	17800	21360	28480	35600	
E_S/V	2.542	2.793	2.93	2.953	2.96	2.91	2.832	2.81	
U_C/V	1.132	0.49	0.233	0.205	0.094	0.096	0.056	0.046	
U_R/V	1.043	0.739	0.479	0.339	0.301	0.294	0.189	0.152	
U_L/V	2.319	2.236	2.136	2.057	3.14	3.15	3.56	3.44	
$\frac{U_R}{E_S}$	0.41	0.26	0.16	0.11	0.1	0.1	0.067	0.054	

注：表中数据供参考，以本人测量数据为准.

3. 计算 Q，画幅频特性 $\frac{U_R}{E_S}$-$\frac{f}{f_0}$ 曲线.

$$f_0=\frac{1}{2\times3.14\times\sqrt{LC}}=\frac{1}{6.28\times\sqrt{20\times10^{-3}\times0.1\times10^{-6}}}\approx3560(\text{Hz})$$

$$Q=\frac{\omega_0 L}{R}=\frac{2\times3.14\times3560\times20\times10^{-3}}{300}=1.49$$

图 1-20 为幅频特性曲线.

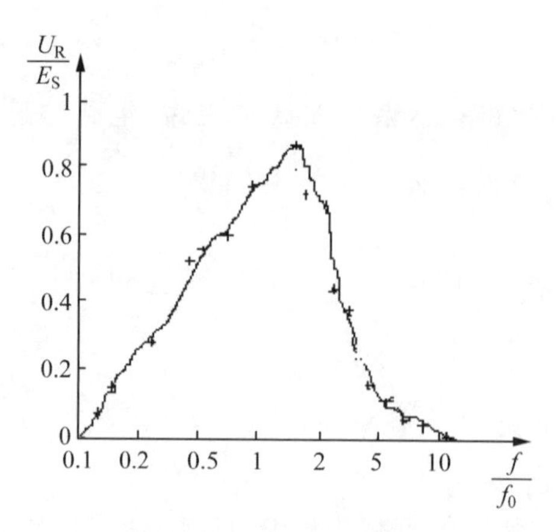

图 1-20 幅频特性曲线

分析：由于电感制造工艺使得 L 偏差较大，因此 f_0 只能参考，实际谐振频率与计算值一般偏差较大. 如果要精确计算 f_0，可先用 V-I 法标定 L 值.

实验八 三相交流电路电压、电流测量

一、实验目的

1. 学会三相负载星形和三角形的连接方法，掌握这两种接法的线电压和相电压、线电流和相电流的测量方法.
2. 观察并分析三相四线制中，当负载不对称时中线的作用.
3. 了解相序的测试方法.

二、实验仪器

1. 三相灯负载.
2. 交流电流表.
3. 交流电压表.
4. 三相调压器单元.

三、实验原理

若将负载接为星形连接，这时相电流等于线电流，如电源为对称三相电压，则线电压是对应的相电压的矢量差，在负载对称时它们的有效值相差 3 倍，即 $U_{线}=3\times U_{相}$. 各相电流也对称，电流中点与负载中点之间的电压为零. 如用中线将两中点之间连接起来，中线电流也等于零；如果负载不对称，则中线就有电流流过，这时如将中线断开，三相负载的各相电压不再对称，各相电灯出现亮、暗不同的现象，这就是中点位移引起各相电压不等的结果.

若将负载接为三角形，这时线电压等于相电压，但线电流为对应的两相电流的矢量差，负载对称时，它们也有$\sqrt{3}$倍的关系，即

$$I_{线}=\sqrt{3}\times I_{相}$$

若负载不对称，虽然不再有$\sqrt{3}$倍的关系，但线电流仍为相应的相电流的矢量差，这时只有通过矢量图方能计算它们的大小和相位.

四、实验步骤及数据分析

1. 测试线电压、相电压、线电流、相电流(星形连接).
2. 测试线电压、相电压、线电流、相电流(三角形连接).

实验电路如图 1-21 所示，将实验数据记入表 1-17、表 1-18 中.

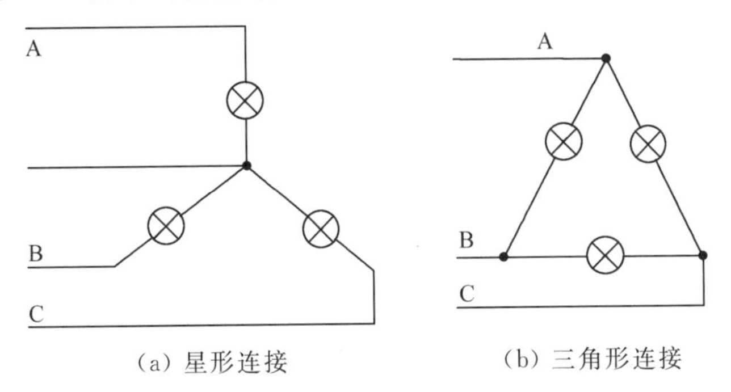

(a) 星形连接　　(b) 三角形连接

图 1-21　电路图

表 1-17　星形连接数据表

测量值 负载状态		线电压/V			相电压/V			相电流/mA			中线电流/mA
		U_{AB}	U_{BC}	U_{CA}	U_A	U_B	U_C	I_A	I_B	I_C	
负载对称	有中线										
	无中线										
负载不对称	有中线										
	无中线										

注：负载对称 A、B、C 三相均接 1 只 15W 电灯；负载不对称 A、B、C 三相分别接 1 只、2 只、1 只 15W 电灯.

表 1-18　三角形连接数据表

	线电压/V			线电流/mA			相电流/mA			线电流/相电流		
	U_{AB}	U_{BC}	U_{CA}	I_A	I_B	I_C	I_{AB}	I_{BC}	I_{CA}	I_A/I_{AB}	I_B/I_{BC}	I_C/I_{CA}
负载对称												
负载不对称												

五、注意事项

白炽灯的额定电压为220V,电容器的额定电压为400V,实验时注意,在各种接法下加在灯上的电压不超过额定值.在三角形接线时由于相电压等于线电压,所以不能使用380V线电压,可通过电源屏上三相调压开关将线电压调至220V.星形接线时,若负载不对称且无电源中线,由于负载中性点的浮动也可能产生某相电压过高的状态,这时应先调低线电压再进行测量.

项目二　电子技术

实验一　单管交流放大电路

一、实验目的

1. 掌握单管放大器静态工作点的调整方法及电压放大倍数的测量方法.

2. 研究静态工作点和负载电阻对电压放大倍数的影响,进一步理解静态工作点对放大器工作的意义.

3. 观察放大器输出波形的非线性失真.

4. 熟悉低频信号发生器、示波器及晶体管毫伏表的使用方法.

二、实验原理

单管放大器是放大器中最基本的一类,本实验采用固定偏置式放大电路,如图 2-1 所示.其中 $R_{B1}=100\text{k}\Omega$,$R_{C1}=2\text{k}\Omega$,$R_{L1}=100\Omega$,$R_{W1}=1\text{M}\Omega$,$R_{W3}=2.2\text{k}\Omega$,$C_1=C_2=10\mu\text{F}/15\text{V}$,$\text{T}_1$ 为 9013(β 为 160～200).

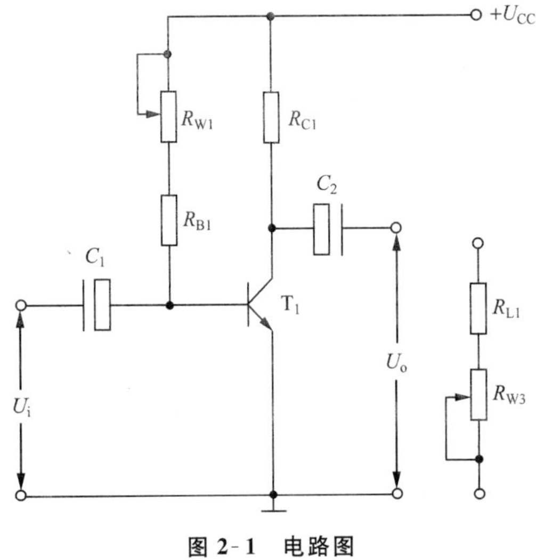

图 2-1　电路图

为保证放大器正常工作，即不失真地放大信号，首先必须取适当静态工作点．工作点太高将使输出信号产生饱和失真，太低则产生截止失真，因而工作点的选取直接影响不失真前提下的输出电压的大小，也就影响电压放大倍数（$A_v=U_o/U_i$）的大小．当晶体管和电源电压 $U_{CC}=12V$ 选定之后，电压放大倍数还与集电极总负载电阻 R_L 有关，改变 R_C 或 R_L，则电压放大倍数将改变．

在晶体管、电源电压 U_{CC} 及电路其他参数（如 R_C 等）确定之后，静态工作点主要取决于 I_B 的选择．因此，调整工作点主要是调节偏置电阻的数值（本实验通过调节电位器 R_{W1} 来实现），进而可以观察工作点对输出电压波形的影响．

三、实验仪器

1. 直流稳压电源（1 台，MC1095）．
2. 函数信号发生器（1 台，学校自备）．
3. 示波器（1 台，学校自备）．
4. 晶体管毫伏表（1 块，学校自备）．
5. 万用表（1 块，学校自备）．
6. 电阻（3 个，100Ω×1、2kΩ×1、100kΩ×1）．
7. 电位器（2 个，2.2kΩ×1、1MΩ×1）．
8. 电容（2 个，10μF/15V×2）．
9. 三极管（1 个，9013×1）．
10. 短接桥和连接导线（若干，P8-1 和 50148）．
11. 实验用 9 孔插件方板（297mm×300mm）．

四、实验内容与步骤

1. 调整静态工作点．

实验电路见 9 孔插件方板上的“单管交流放大电路”单元，如图 2-2 所示．

方板上的直流稳压电源的输入电压为＋12V，用导线将电源输出分别接入方板上的“单管交流放大电路”的＋12V 和地端，将图 2-2 中 J_1、J_2 用一短线相连，J_3、J_4 相连（即 $R_{C1}=5k\Omega$），J_5、J_6 相连，并将 R_{W3} 放在最大位置（即负载电阻 $R_L=R_{L1}+R_{W3}=2.7k\Omega$ 左右），检查无误后接通电源．

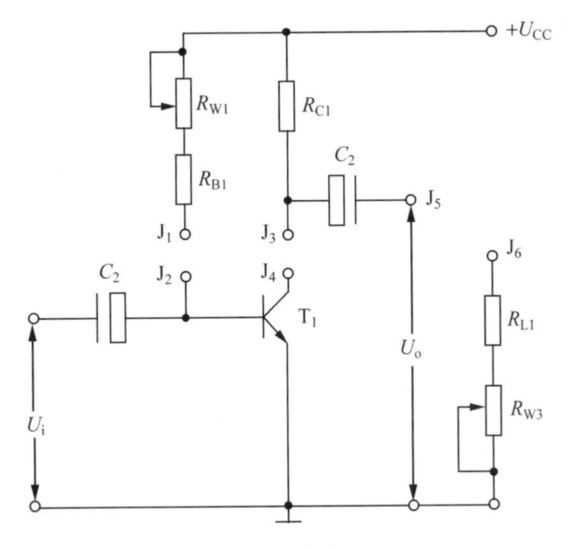

图 2-2 电路图

使用万用表测量晶体管电压 U_{CE}，同时调节电位器 R_{W1}，使 $U_{CE}=5V$ 左右，从而使静态工作点位于负载线的中点.

为了校验放大器的工作点是否合适，把信号发生器输出的 $f=1kHz$ 的信号加到放大器的输入端，从零逐渐增加信号 U_i 的幅值，用示波器观察放大器的输出电压 U_o 的波形. 若放大器工作点调整合适，则放大器的截止失真和饱和失真应该同时出现，若不是同时出现，只要稍微改变 R_{W1} 的阻值便可得到合适的工作点.

此时把信号 U_i 移出，即使 $U_i=0$，使用万用表，分别测量晶体管各点对地电压 U_C、U_B 和 U_E，填入表 2-1 中，然后按下式计算静态工作点.

$$I_C=\frac{U_{CC}-U_C}{R_{C1}}$$

$$I_B\approx\frac{I_C}{\beta}\text{，}\beta\text{ 值为给定的}$$

或者量出 $R_B(R_B=R_{W1}+R_{B1})$，再由 $I_B=\frac{U_{CC}-U_B}{R_B}$ 得出 I_B，式中 $U_B\approx0.7V$，$U_{CE}=U_C$. 测量 R_B 阻值时，务必断开电源. 同时应断开 J_4、J_2 间的连线.

表 2-1 数据表

测量值			计算值			
U_C	U_B	U_E	I_B	I_C	U_{CE}	β

2. 测量放大器的电压放大倍数，观察 R_{C1} 和 R_L 对放大倍数的影响.

使 R_{C1} 为 5kΩ，在步骤 1 的基础上，将信号发生器调至 $f=1kHz$、输出为 5mV. 随后接入单级放大电路的输入端，即 $U_i=5mV$，观察输出端 U_o 的波形，并在不失真的情况下分两种情况用晶体管毫伏表测量输出电压 U_o' 值和 U_o 值.

(1) 带负载 R_L，即 J_5、J_6 相连，测 U_o' 的值.

(2) 不带负载 R_L，即 J_5、J_6 不相连，测 U_o 的值.

使 R_{C1} 为 2kΩ，仍分以上两种情况测输出电压 U_o' 和 U_o 的值，并将所有测量结果填入表 2-2 中. 采用下式求电压放大倍数：

带负载 R_L 时，$A_v'=\dfrac{U_o'}{U_i}$

不带负载 R_L 时，$A_v=\dfrac{U_o}{U_i}$

表 2-2　数据表

R_{C1}		测量值			计算值	
		U_i	U_o	U_o'	A_v	A_v'
5kΩ	$R_L=\infty$					
	$R_L=2.7\text{k}\Omega$					
2kΩ	$R_L=\infty$					
	$R_L=2.7\text{k}\Omega$					

3. 观察静态基极电流对放大器输出电压波形的影响.

在实验步骤 2 的基础上，将 R_{W1} 减小，同时增大信号发生器的输入电压 U_i 的值，直到示波器上的输出信号有明显的饱和失真，这时立即加大 R_{W1} 的值直到出现截止失真为止.

五、分析与讨论

1. 解释 A_v 随 R_L 变化的原因.
2. 静态工作点对放大器输出波形有怎样的影响？

实验二　比例、求和运算电路

一、实验目的

用运算放大器等元件构成反相比例放大器、同相比例放大器、电压跟随器、反相求和电路及同相求和电路，通过实验测试和分析，进一步掌握它们的主要特点和性能及输出电压与输入电压的函数关系.

二、实验仪器

1. DC 信号源(1 台，−5～+5V).
2. 信号发生器(1 台).

3. 示波器(1 台).

4. 万用表(1 块).

5. 电阻(11 个,100Ω×1、2.4kΩ×1、10kΩ×4、20kΩ×2、100kΩ×2、1MΩ×1).

6. 集成块芯片(1 个,LM741×1).

7. 短接桥和连接导线(若干,P8-1 和 50148).

8. 实验用 9 孔插件方板(297mm×300mm).

三、实验内容与步骤

做每个比例、求和运算电路的实验,都应先进行以下两项.

一是按电路图接好线后,仔细检查,确保正确无误.将各输入端接地,接通电源,用示波器观察是否出现自激振荡.若有自激振荡,则应更换集成运放电路.

二是调零.各输入端仍接地,调节调零电位器,使输出电压为零(用数字电压表 200mV 挡测量,输出电压绝对值不超过 5mV).

1. 反相比例放大器.

实验电路如图 2-3 所示.

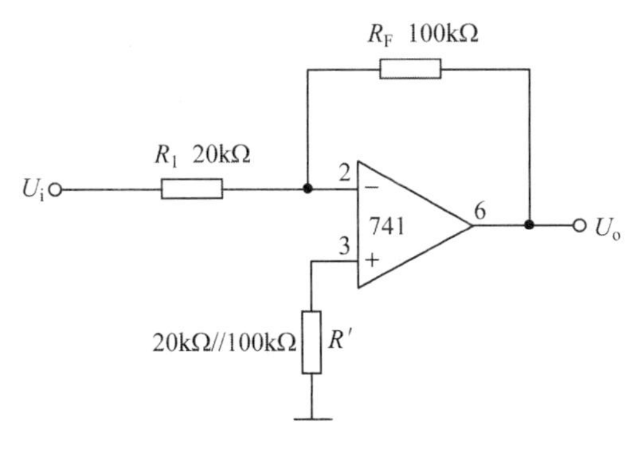

图 2-3　反相比例放大器

参照图 2-3,分析反相比例放大器的主要特点(包括反馈类型),求出表 2-3 中的理论估算值并填入实测值,计算误差.

表 2-3　数据表

直流输入电压 U_i/V		0.3	0.5	1	2
输出电压 U_o	理论估算值/V				
	实测值/V				
	误差				

2. 同相比例放大器.

实验电路如图 2-4 所示.

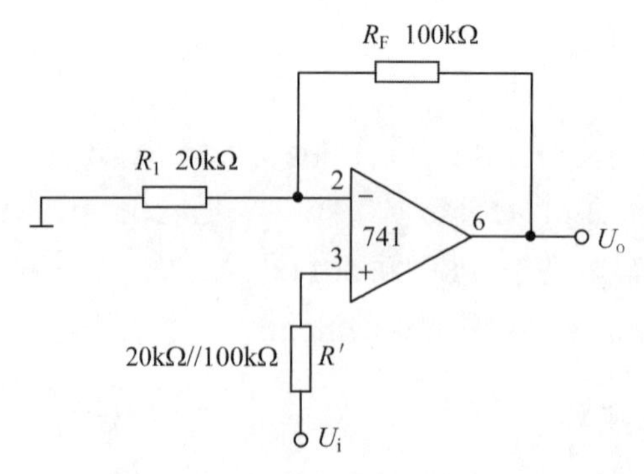

图 2-4　同相比例放大器

参照图 2-4,分析同相比例放大器主要特点(包括反馈类型),求出表 2-4 中各理论估算值,并填入实测值,计算误差,定性地说明输入电阻的大小.

表 2-4　数据表

直流输入电压 U_i/V		0.3	0.5	1	2
输出电压 U_o	理论估算值/V				
	实测值/V				
	误差				

3. 电压跟随器.

实验电路如图 2-5 所示.

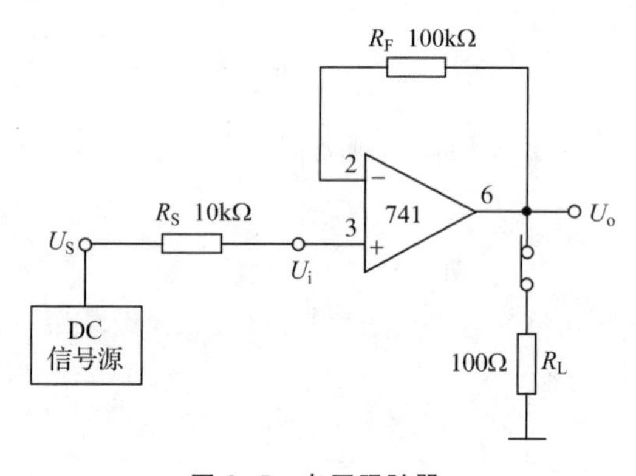

图 2-5　电压跟随器

(1) 分析图 2-5 电路的特点,求出表 2-5 中各理论估算值.

(2) 分别测出表 2-5 中各条件下 U_o 的值.

表 2-5　数据表

直流输入电压 U_i/V		0.5		1	
测试条件		$R_S=10k\Omega$ $R_F=10k\Omega$ R_L 开路	$R_S=10k\Omega$ $R_F=10k\Omega$ $R_L=100\Omega$	$R_S=100k\Omega$ $R_F=100k\Omega$ R_L 开路	$R_S=100k\Omega$ $R_F=100k\Omega$ $R_L=100\Omega$
输出电压 U_o	理论估算值/V				
	实测值/V				
	误差				

4. 反相求和电路.

实验电路如图 2-6 所示.

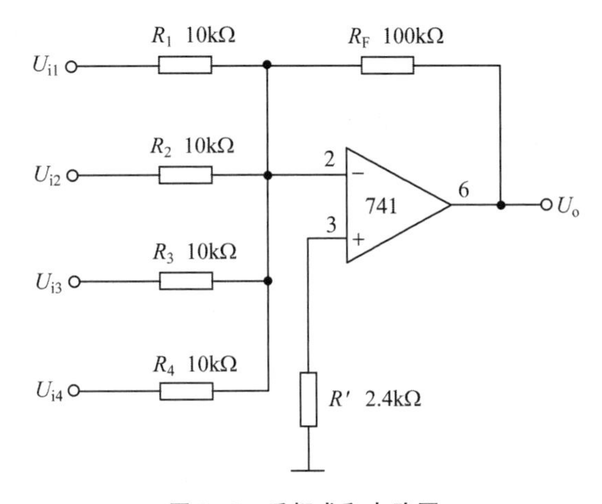

图 2-6　反相求和电路图

(1) 分析图 2-6 反相求和电路的特点，且：

① 按静态时运放两个输入端的外接电阻应对称的要求，R'的阻值应为多大？

② 设输入信号 $U_{i1}=1V$，$U_{i2}=2V$，$U_{i3}=-2V$，$U_{i4}=-1.5V$，试求出 U_o 的理论估算值.

(2) 测出 $U_{i1}=1V$，$U_{i2}=2V$，$U_{i3}=-1.5V$，$U_{i4}=-2V$ 时的输出电压值.

5. 双端输入求和电路.

实验电路如图 2-7 所示.

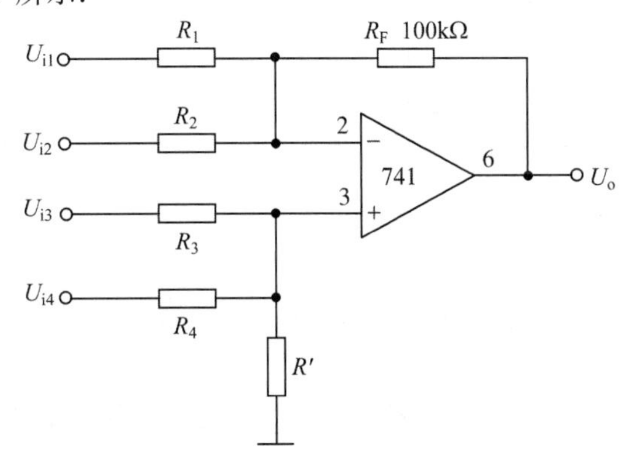

图 2-7　双端输入求和电路图

(1) 分析图 2-7,估算图中电阻 R_1、R_2、R_3、R_4 和 R'的阻值,要求如下:

① 使该求和电路的输出电压与输入信号的函数关系是:

$$U_o=10(U_{i3}+U_{i4}-U_{i1}-U_{i2})$$

② $R_1//R_2//R_F=R_3//R_4//R'$.

(2) 测出 $U_{i1}=1V$,$U_{i2}=1V$,$U_{i3}=-1.5V$,$U_{i4}=2.5V$ 时的输出电压值.

四、分析与讨论

1. 分析实验中所测的值,试回答下列问题.

(1) 反相比例放大器和同相比例放大器的输出电阻、输入电阻各有什么特点?试用负反馈概念解释之.

(2) 工作在线形范围内的集成运放两个输入端的电位差是否可看作为零?为什么?

2. 做比例、求和等运放电路实验时,不先调零可行吗?为什么?

3. 试分析图 2-8 中的电路能否正常工作,并简述理由.

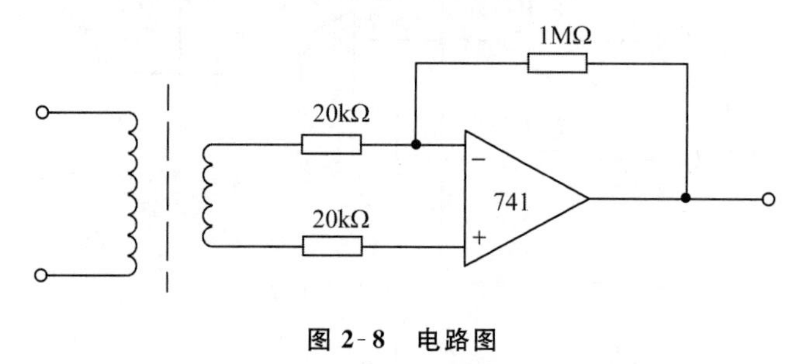

图 2-8 电路图

实验三 直流稳压电路

一、实验目的

1. 掌握整流、滤波、稳压电路工作原理及各元件在电路中的作用.
2. 学习直流稳压电源的安装、调整和测试方法.
3. 熟悉和掌握线性集成稳压电路的工作原理.
4. 学习线性集成稳压电路技术指标的测量方法.

二、实验原理

直流稳压电源是电子设备中最基本、最常用的仪器之一.它作为能源,可保证电子设备的正常运行.

直流稳压电源一般由整流电路、滤波电路和稳压电路三部分组成,如图 2-9 所示.

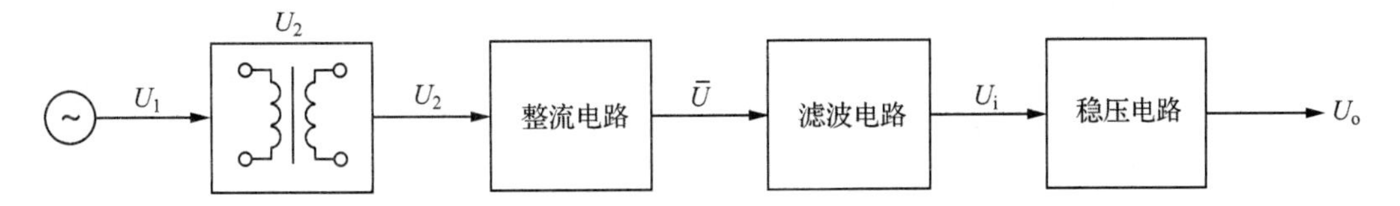

图 2-9　直流稳压电源

整流电路利用二极管的单相导电性，将交流电转变为脉动的直流电；滤波电路利用电抗性元件（电容、电感）的贮能作用，平滑输出电压；稳压电路的作用是保持输出电压的稳定，使输出电压不随电网电压、负载和温度的变化而变化.

在小功率直流稳压电源中，多采用桥式整流、电容滤波，常用三端集成稳压器，为便于观测滤波电路时间常数的改变对其输出电压的影响，本实验采用半波整流，如图 2-10 所示. 在图 2-10 中，Tr_1 为调压器，以便观测电网电压波动时稳压电路的稳压性能.

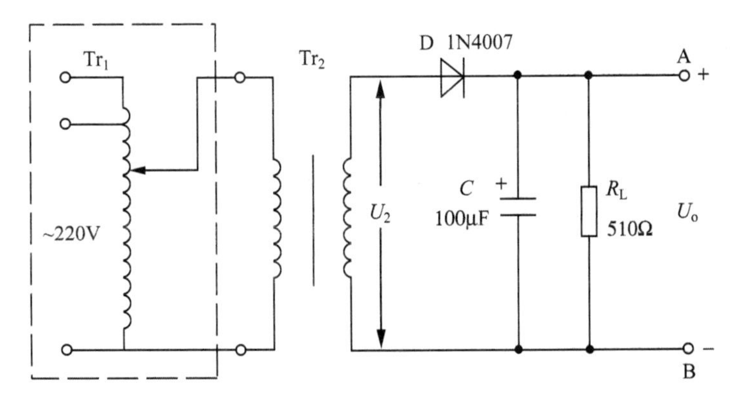

图 2-10　半波整流电路

这里我们讨论由 317 和 7812 组成的直流稳压电路.

图 2-11 为三端可调式集成稳压器，其管脚分为调整端、输入端和输出端，调节电位器 R_p 的阻值便可以改变输出电压的大小. 由于输出端和可调端之间具有很强的维持1.25V电压不变的能力，所以 R_1 上的电流值基本恒定，而调整端的电流非常小且恒定，故将其忽略，那么输出电压为

$$U_o=(1+R_p/R_1)\times 1.25(\mathrm{V})$$

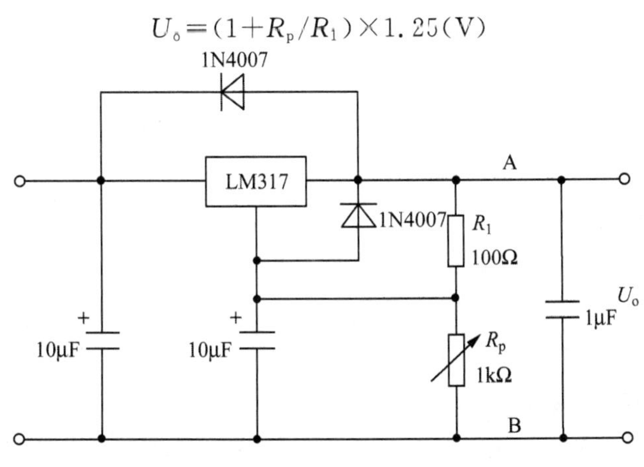

图 2-11　三端可调式集成稳压器

线性集成稳压电路组成的稳压电源如图 2-12 所示，其工作原理与由分立元件组成的串联型稳压电源基本相仿，只是稳压电路部分由三端稳压块代替，整流部分由硅桥式整流器代替，使电路的组装与调试工作大为简化.

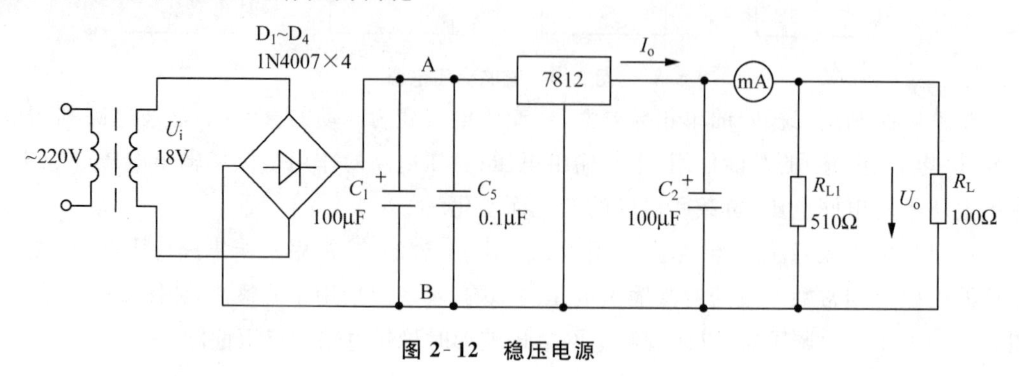

图 2-12　稳压电源

三、实验仪器

1. 交流电源(1 台,6V/12V/18V).
2. 示波器(1 台,学校自备).
3. 万用表(1 块,学校自备).
4. 稳压块(2 块,317×1、7812×1).
5. 二极管(4 块,1N4007×4).
6. 整流桥(1 块,KBPC610×1).
7. 电容(6 块,0.1μF×1、1μF×1、10μF×2、100μF×2).
8. 电阻(2 块,100Ω/0.25W×1、510Ω/0.25W×1).
9. 电位器(1 个,1kΩ×1).
10. 短接桥和连接导线(若干,P8-1 和 50148).
11. 实验用 9 孔插件方板(297mm×300mm).

四、实验内容与步骤

1. 由 317 组成的直流稳压电路.

(1) 按图 2-10 接入调压器 Tr_1 和降压变压器 Tr_2，组装好整流滤波电路.

① 调整调压器，使调压器 Tr_1 的次级绕组输出电压 U_2 的有效值为 10V(用万用表交流挡监测).

② 进行下列测试.

将整流二极管 D 短路，滤波电容 C 断路(拔掉)，用示波器观察负载电阻 R_L(R_L 取 510Ω)两端的电压波形，并用万用表直流挡测其电压数值.

去掉二极管 D 的短路，电容 C 仍断路，用示波器观测负载电阻 R_L 两端的电压波形，并用万用表直流挡测其电压数值.

在上述实验基础上插上电容 C(100μF)，观察电压输出波形，并测出其数值.

固定电容 C(100μF),使 R_L 为 100Ω,观测其电压波形及数值.

固定电阻 R_L(510Ω),使电容 C 为 10μF,观测输出电压的波形及数值.

③ 固定电阻 R_L 为 510Ω、电容 C 为 100μF,其余不变,以备使用.

(2) 将如图 2-11 所示的电路接好.

① 调节 R_p,观察输出电压 U_o 是否可以改变.输出电压可调时,分别测出 U_o 的最大值和最小值及对应稳压部分的输入电压 U_i、输入端和输出端之间的压降.

② 调节 R_p,使 U_o 为 6V 并测出此时 A、B 两端的电压 U_1 值.

③ 调节调压器,使电网电压(220V)变换±10%,测量出输出电压相应的变化值 ΔU_o 及输入电压相应的变化值 ΔU_i,求稳压系数

$$S=\frac{\Delta U_o/U_o}{\Delta U_i/U_i}$$

④ 用示波器或真空管毫伏表测出输出电压中的纹波成分 U_{OW}.

输出电压中的纹波成分 U_{OW} 既可用交流毫伏表测出,也可用灵敏度较高的示波器测出.但是由于纹波电压已不再是正弦波电压,毫伏表的读数并不能代表纹波电压的有效值,因此,在实际测试中,最好用示波器直接测出纹波电压的峰值 ΔU_{OW}.

2. 由 7812 组成的直流稳压电路.

(1) 接线.

按图 2-12 所示连接电路,电路接好后在 A、B 处断开,测量并记录 U_{AB} 波形,然后接通 A、B 后面的电路,观察 U_o 的波形.

(2) 观察纹波电压.

用示波器观察稳压电路输入电压 U_i 的波形,并记录纹波电压的大小,再观察输出电压 U_o 的纹波,将两者进行比较.

五、分析与讨论

1. 列表整理所测的实验数据,绘出所观测到的各部分波形.
2. 按实验内容分析所测的实验结果与理论值的差别,分析产生误差的原因.
3. 简要叙述实验中所发生的故障及排除方法.

实验四　集成门电路

一、实验目的

1. 学习测试与非门电路的电压传输特性和逻辑功能.
2. 了解与非门组成的其他逻辑门.

二、实验原理

与非门是门电路中应用较多的一种，它的逻辑功能是：全 1 出 0，有 0 出 1. 即只有当全部输入端都接高电平“1”时，输出端才是低电平“0”，否则，输出端为高电平“1”. 图2-13是一个具有 3 个输入端的与非门逻辑图.

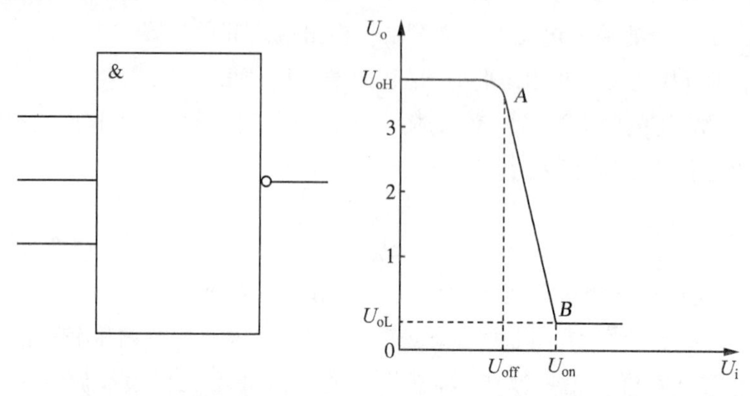

图 2-13　与非门　　　　图 2-14　与非门电压传输特性

如表 2-6 所示，与非门的高、低电平和其他电参数有一定的规范值，若不符合，则表明该与非门不能使用.

表 2-6　与非门参数规范

	参数名称及符号		规范值 74LS00	单位
直流参数	高电平输出电压	U_{oH}	≥2.5	V
	低电平输出电压	U_{oL}	≤0.4	V
	高电平输入电流	I_{iH}	< 20	μA
	低电平输入电流	I_{iL}	< −0.4	mA
	输出短路电流	I_{OS}	20～100	mA
交流参数	输出波形上升时间	t_r	9～15	ns
	输出波形下降时间	t_f	10～15	ns

检验与非门应参照表 2-6 给出的值进行. 在实际使用时，有时可用万用表对与非门进行简易检验. 以 TTL 与非门为例，当接通 5V 直流电源后，先让各个输入端接高电平，用万用表测量其输出端的电压. 然后把各个输入端依次接地，测量输出端的电压，根据测量数据是否符合规范值则可判别这个与非门好不好.

集成与非门的电压传输特性，指的是与非门输出电压 U_o 随输入电压 U_i 变化的关系曲线，如图 2-14 所示. 图中 A 点对应的输入电压称为关门电平 U_{off}，B 点对应的输入电压称为开门电平 U_{on}.

传输特性的测量方法很多，最简单的方法是把直流电压通过电位器分压加在与非门的输入端，如图 2-15 所示，用万用表逐点测出对应的输入、输出电压，然后绘制成曲线. 为了读数容易，在调节 U_i 的过程中可先监视输出电压的变化，再读出 U_i，否则在开门电平和关门电平之间变化的电压不易读出来.

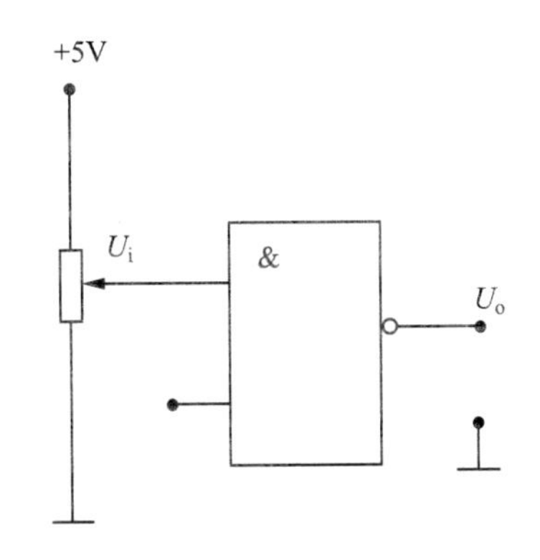

图 2-15　传输特性的测量

为了在示波器上观察到电压传输特性,可按图 2-16 所示接线,把输出电压 U_o 接入示波器的 Y 输入端,输入电压 U_i 可由函数信号发生器输出的 100Hz 正弦波通过二极管半波整流后得到,同时把这个输入信号送入示波器的 X 轴,作为扫描电压,调节 U_i 大小可在示波器显示屏上观察到一条完整的电压传输特性曲线(注意:这时示波器的 X 轴选择为"外接 X").

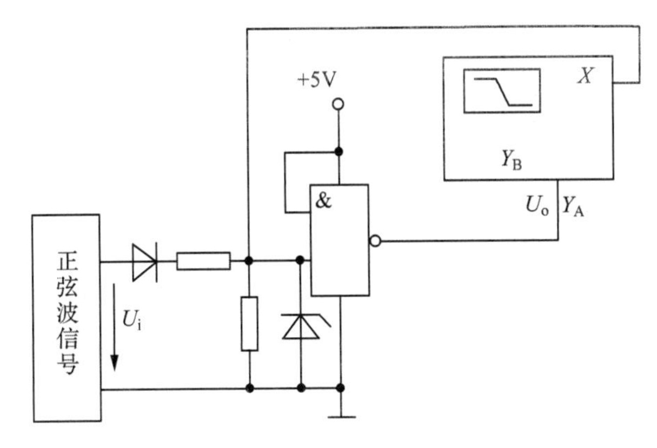

图 2-16　用示波器观察传输特性

与非门可以组成其他基本逻辑电路. 如图 2-17 所示是由三个与非门组成的或门电路,它的逻辑表达式为

$$F=A+B$$

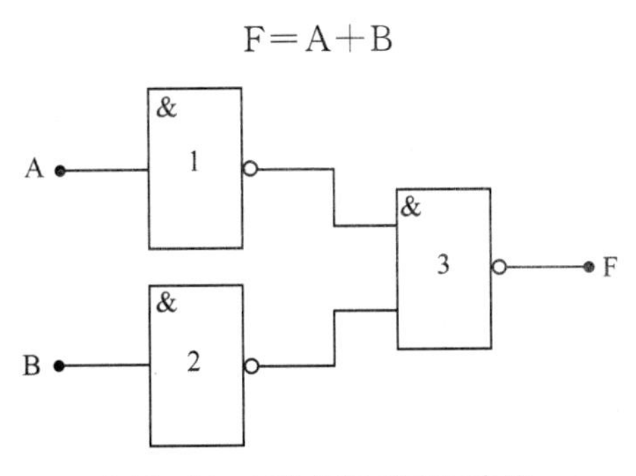

图 2-17　与非门组成或门电路

如图 2-18 所示是由四个与非门组成的异或门电路，它的逻辑表达式为

$$F=A\oplus B=A\overline{B}+\overline{A}B$$

本实验使用的集成与非门的型号为 74LS00，它包含四个与非门，每个与非门有 2 个输入端，其外引线及内部示意图如图 2-19 所示，U_{CC}接+5V.

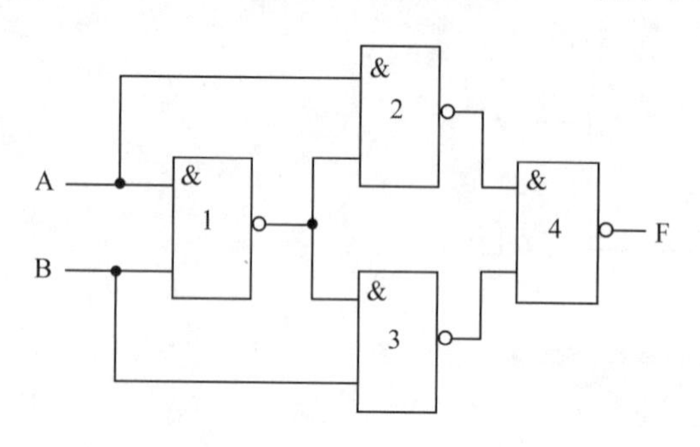

图 2-18　与非门组成异或门电路

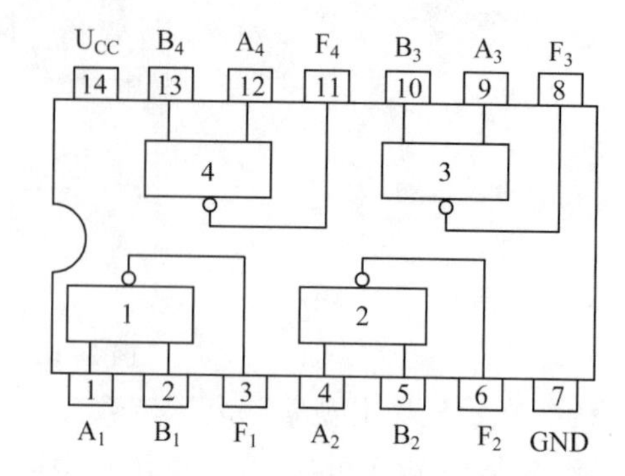

图 2-19　74LS00 引线及内部结构

用与非门组成的多谐振荡器电路如图 2-20 所示. 它是一个非对称微分型多谐振荡电路. 与非门 G_1 的输出作为与非门 G_2 的输入，与非门 G_2 的输出又通过电容器 C 反馈到与非门 G_1 的输入形成正反馈. 与非门 G_1 的输出电压对电容器 C 反复充放电，同时又使与非门 G_1 不断翻转，周而复始，产生了振荡波形，其振荡周期

$$T=RC\left(\ln\frac{U_{\mathrm{oH}}}{U_{\mathrm{oH}}-U_{\mathrm{th}}}+\ln\frac{U_{\mathrm{oH}}}{U_{\mathrm{th}}}\right)$$

式中，U_{oH}为高电平值，U_{th}为门槛电压. 当 $U_{\mathrm{th}}=\frac{1}{2}U_{\mathrm{oH}}$时，$T=RC\ln4\approx1.4RC$.

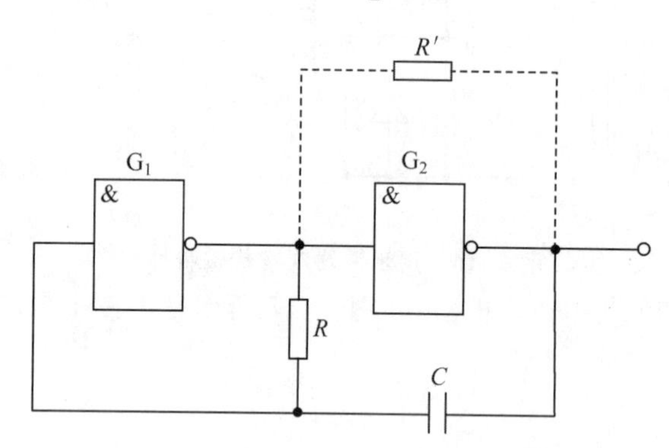

图 2-20　用与非门组成多谐振荡器电路图

若在图 2-20 中接入 R'，可使多谐振荡器易于起振. 通常 R 取 1kΩ，R'取几千欧至十千欧.

三、实验仪器

1. 数字电子技术实验箱.
2. 函数发生器及数字频率计.
3. 数字式直流电流、电压表.

4. 集成电路与非门 74LS00(1 个).

5. 万用表(1 个,500 型).

四、预习内容

1. 根据 74LS00 二输入四与非门管脚排列,画出实际实验线路.

2. TTL 与非门的输出高低电平一般在什么范围?什么是开门电平、关门电平?它们一般为何值?

3. 如何根据与非门的逻辑功能及其范围值用万用表检查与非门?

4. 如何使用示波器观察与非门的电压传输特性?

5. 在观察门电路的输出波形时,Y 端输入的交直流选择开关应放在哪个位置?在观察时如果出现不稳定的波形或者只有一个亮点,应调节哪个旋钮,如何调节?

6. 对与非门中多余输入端应做如何处理?

五、实验内容与步骤

1. 测试与非门的逻辑功能.

将与非门输出端接电平指示,将逻辑电平(由数据开关提供)接入与非门输入端,接通与非门的+5V 电源,观察与非门的逻辑功能是否符合真值表内容.逐一测试 74LS00 中四个与非门.这种方法是判断与非门好坏的一种简便方法.

2. 观察与非门电压传输特性(直流法).

对 74LS00 中一只与非门(图 2-15)用万用表逐点测试(正确处理不用的输入端).为了读数容易,在调节 U_i 时,可先监视输出电压的变化,再读出 U_i 来,否则在开门电平和关门电平之间变化的电压不易读出来.将读数一一记入表 2-7 中,画出电压传输特性曲线,求出关门电平 U_{off}、开门电平 U_{on}、输出高电平 U_{oH}、输出低电平 U_{oL}.

表 2-7 直流法测与非门电压传输特性

U_i									
U_o									

3. 观察与非门控制特性.

如图 2-21 所示连接电路,将频率等于 1kHz、幅度等于 5V 的方波送入与非门输入端 U_i,当控制端 Y 分别加上逻辑 0 和逻辑 1 电平(Y 接至数据开关)时,用双踪示波器同时观察 U_i、U_o 波形,比较两者的相位,体会控制端作用.将结果记入表 2-8 中.

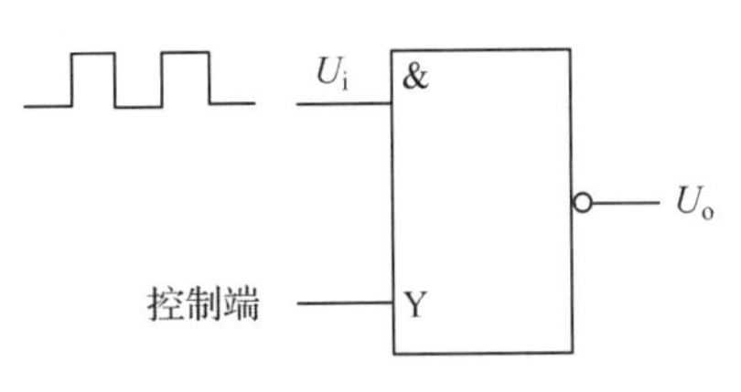

图 2-21 电路图

表 2-8 数据表

输入	U_i	O	O
	Y	1	0
输出	U_o		

4. 观察与非门电压传输特性(交流法).

选用一个与非门按图 2-16 所示接线,将频率为 1kHz 的正弦波经二极管半波整流后的半波电压加入与非门输入端,同时作为示波器 X 轴扫描电压. 与非门的输出信号送入 Y 轴输入通道. Y 轴输入耦合方式开关置于“DC”. 从零开始逐渐加大 U_i 信号,观察并记录电压传输特性曲线. 如须从电压传输特性曲线上求得各项参数值,则必须事先确定 X 轴坐标原点及 X 轴灵敏度(X 轴不加信号时的光点位置即为坐标原点). 将校准信号 1V(或 2V)1kHz 方波送入 X 轴,根据光点的横轴偏移量可求出 X 轴的灵敏度. 例如,当光点在 X 方向的偏移量为 6div,则灵敏度为 $\frac{1}{6}$V/div.

5. 测试或门的逻辑功能.

按图 2-17 所示接线,用 3 个与非门组成或门电路,同样将或门的 2 个输入端接至数据开关,改变两输入端的电平,看输入与输出之间是否符合或逻辑. 将实验结果填入表 2-9 中.

表 2-9 数据表

输入	A	0	0	1	1	方波	方波	0	1
	B	0	1	0	1	0	1	方波	方波
输出	F								

6. 测试异或门的逻辑功能.

按图 2-18 所示接线,用 4 个与非门组成异或门,将它的两个输入端 A、B 接至数据开关,改变两输入端电平,测输出电平的变化规律. 将实验结果填入表 2-10 中.

表 2-10 数据表

输入	A	0	0	1	1	方波	方波	0	1
	B	0	1	0	1	0	0	方波	方波
输出	F								

7. 记录上述三种门电路在一输入端接 1kHz、幅值为 4V 的方波信号(在数字电子技术实验箱右下方有 1kHz 时钟脉冲,将下面的小开关拨向右侧即可),另一输入端接“1”或接“0”时,输出端 F 的波形.

六、实验报告

1. 整理实验数据及描绘波形.
2. 根据实验数据在坐标纸上按比例画出电压传输特性，并在图上求得开门电平及关门电平.
3. 总结与非门、或门和异或门的逻辑功能.
4. 对实验所观察到的波形进行分析讨论.

实验五　加法器

一、实验目的

1. 掌握半加器和全加器的逻辑功能及测试方法.
2. 用中规模集成全加器 74LS183 构成三位并行加法电路.

二、实验原理

在数字系统中，经常要进行算术运算、逻辑运算及数字大小比较等操作，实现这些运算功能的电路是加法器. 加法器是一般组合逻辑电路，主要功能是实现二进制数的算术加法运算.

半加器完成两个一位二进制数相加，而不考虑由低位来的进位. 半加器的逻辑表达式为

$$S_n = A_n \overline{B}_n + \overline{A}_n B_n = A_n \oplus B_n$$

$$C_n = A_n B_n$$

其逻辑符号如图 2-22 所示，A_n、B_n 为输入端，S_n 为本位和数输出端，C_n 为向高位进位输出端. 图 2-23 为用与门和异或门实现半加器的电路图. 图 2-24 为用 74LS08 和 74LS86 实现半加器的电路图.

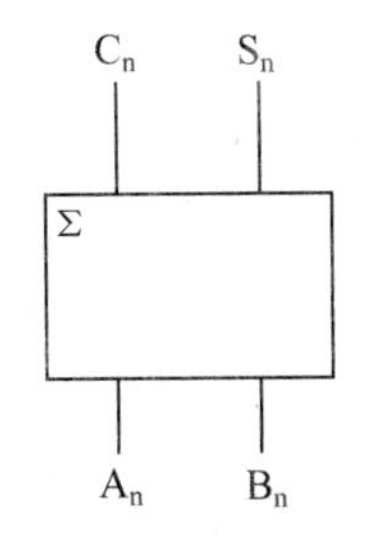

图 2-22　半加器逻辑符号

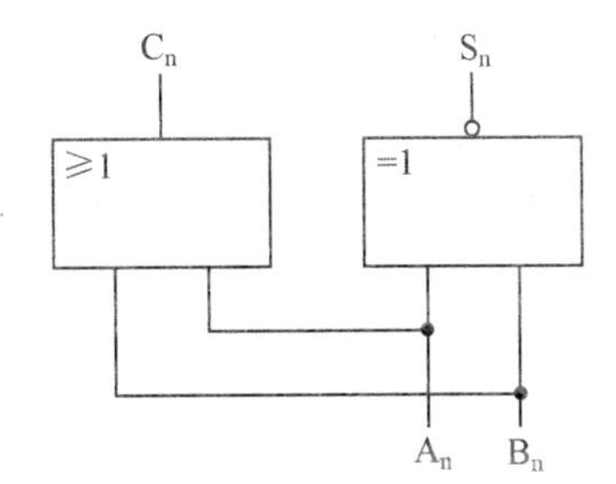

图 2-23　用与门和异或门实现半加器电路图

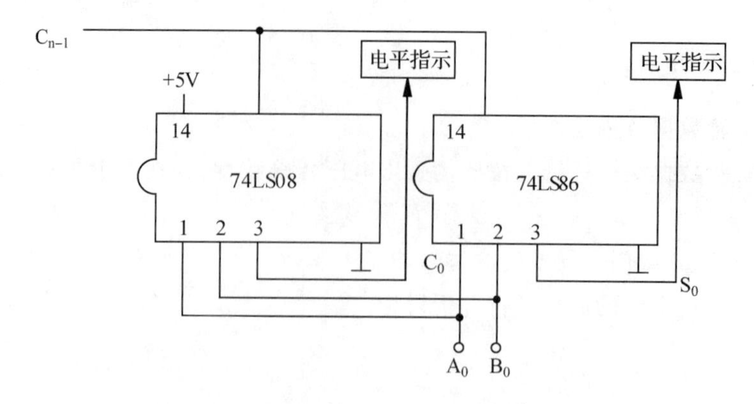

图 2-24 用 74LS08 和 74LS86 实现半加器

全加器是带有进位的二进制加法器，全加器的逻辑表达式为

$$S_n=\overline{A}_n\overline{B}_nC_{n-1}+\overline{A}_nB_n\overline{C}_{n-1}+A_n\overline{B}_n\overline{C}_{n-1}+A_nB_nC_{n-1}$$

$$C_n=\overline{A}_nBC_{n-1}+A_n\overline{B}_nC_{n-1}+A_nB_n\overline{C}_{n=1}+A_nB_nC_{n-1}$$

它有三个端入端 A_n、B_n、C_{n-1}，C_{n-1} 为低位来的进位输入端，两个输出端 S_n、C_n. 实现全加器逻辑功能的方案有多种，如图 2-25 所示.

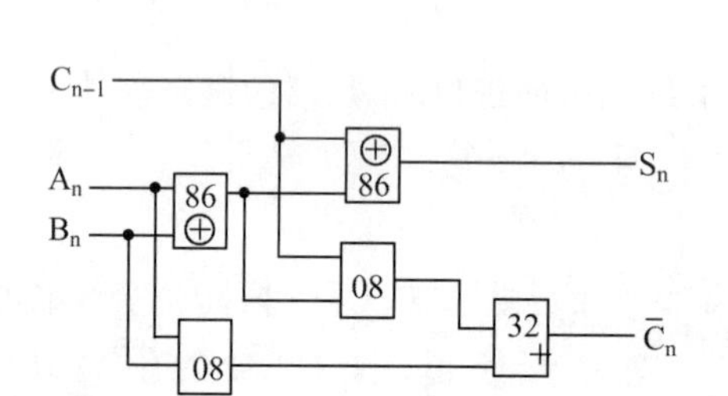

(a) 用 74LS08、74LS86 和 74LS32 构成全加器

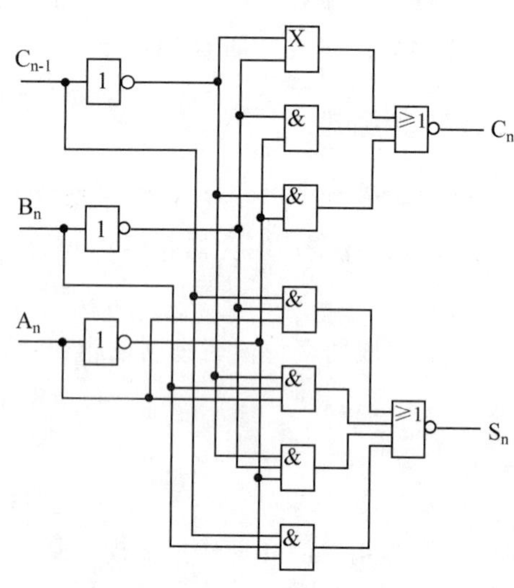

(b) 用非门、与门及或非门构成全加器

图 2-25 全加器

中规模集成电路双全加器 74LS183 内部逻辑图及引脚排列如图 2-26 所示.

实现多位二进制数相加有多种形式的电路，其中比较简单的一种电路是采用并行相加、逐位进位的方式. 如图 2-27 所示为三位并行加法电路，能进行两个三位二进制数 $A_2A_1A_0$ 和 $B_2B_1B_0$ 相加，最低位由于没有来自更低位的进位，故采用半加器. 如果把全加器 C_{n-1} 端接地，即可作为半加器使用. 作为一种练习，本实验采用异或门和与门作为半加器，并采用 74LS183 的两个一位全加器分别作为三位加法器中的次高位和最高位.

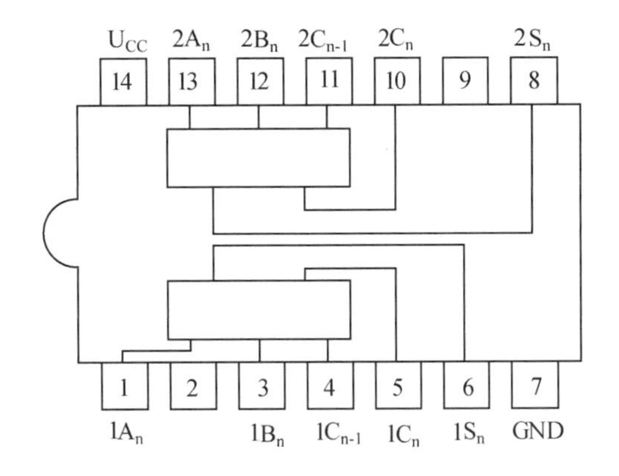

图 2-26　74LS183 内部逻辑图及引脚排列

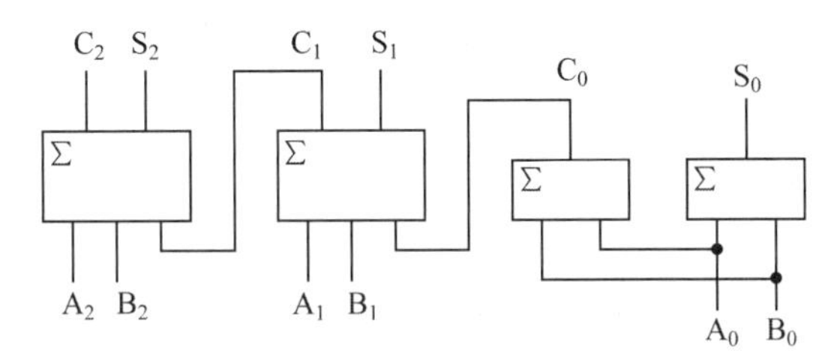

图 2-27　三位并行加法电路

本实验采用的与门型号为 2 输入四与门 74LS08，或门型号为 2 输入四或门 74LS32，异或门型号为 2 输入四异或门 74LS86.

三、实验仪器

1. 数字电子技术实验箱(1 个).
2. 74LS08、74LS32、74LS86、74LS183(各 1 个).

四、预习内容

1. 复习有关加法器部分内容.
2. 能否用其他逻辑门实现半加器和全加器?
3. 本实验三位加法电路是如何实现三位二进制数相加的?

五、实验内容与步骤

1. 分别检查 74LS08、74LS32、74LS86 的逻辑功能.

实验中门的输入端接逻辑开关，输出端接电平指示器.

2. 用 74LS08 及 74LS86 构成一位半加器，参见图 2-24.

按表 2-11 所示改变输入端状态，测试半加器的逻辑功能并记录.

表 2-11 数据表

输入		输出	
A_0	B_0	S_0	C_0
0	0		
0	1		
1	0		
1	1		

表 2-12 数据表

输入			输出	
A_n	B_n	C_{n-1}	S_n	C_n
0	0	0		
0	0	1		
0	1	0		
0	1	1		
1	0	0		
1	0	1		
1	1	0		
1	1	1		

3. 用 74LS08、74LS86 及 74LS32 构成一位全加器.

参考图 2-25(a)连接实验电路，按表 2-12 改变输入端状态，测试全加器的逻辑功能并记录.

4. 集成全加器 74L183 逻辑功能测试.

实验中输入端接逻辑开关、输出端接电平指示器，逐个测试两个全加器的逻辑功能.

5. 三位加法电路.

参考图 2-28 构成三位加法电路，按表 2-13 改变加数和被加数并记录相加结果.

表 2-13 数据表

加数			被加数			相加结果			
A_2	A_1	A_0	B_2	B_1	B_0	C_2	S_2	S_1	S_0
0	1	1	0	1	0				
0	1	1	1	0	0				
1	0	1	1	1	0				
1	1	1	1	1	1				

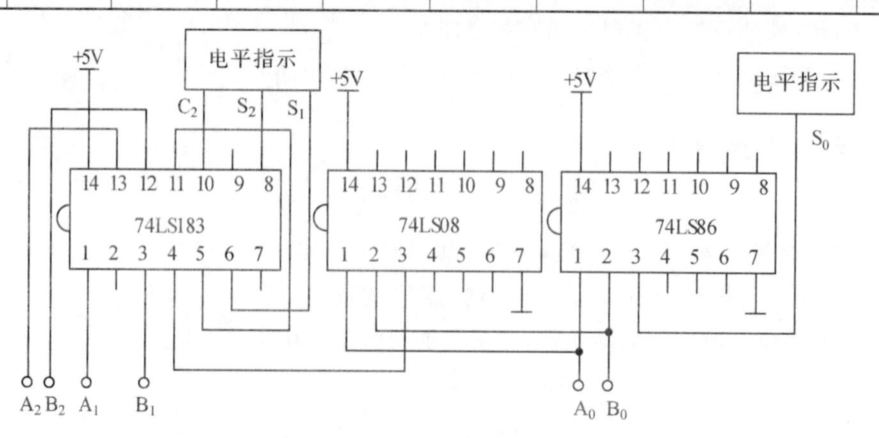

图 2-28 三位加法电路

六、实验报告

1. 整理半加器、全加器实验结果，总结逻辑功能.
2. 对用74LS08、74LS86及74LS32构成的全加器与集成全加器74LS183进行比较.
3. 讨论三位加法电路实验结果的正确性.

实验六 数据选择器

一、实验目的

1. 熟悉中规模集成数据选择器的逻辑功能及测试方法.
2. 学习用集成数据选择器进行逻辑设计.

二、实验原理

数据选择器是常用的组合逻辑部件之一.它由组合逻辑电路对数字信号进行控制来完成较复杂的逻辑功能.它有若干个数据输入端 D_0、D_1……若干个控制输入端 A_0、A_1……和一个输出端 Y_0.在控制输入端加上适当的信号，即可从多个输入数据源中将所需的数据信号选择出来，送到输出端.使用时也可以在控制输入端加上一组二进制编码程序的信号，使电路按要求输出一串信号，所以它也是一种可编程的逻辑部件.

中规模集成芯片74LS153为双四选一数据选择器，引脚排列如图2-29所示，其中 D_0、D_1、D_2、D_3 为四个数据输入端；Y为输出端；A_1、A_0 为控制输入端(或称地址端)，同时控制两个四选一数据选择器的工作；$\overline{G}$为工作状态选择端(或称使能端).当 $1\overline{G}(=2\overline{G})=1$ 时电路不工作，此时无论 A_1、A_0 处于什么状态，输出Y总为零，即禁止所有数据输出；当 $1\overline{G}(=2\overline{G})=0$ 时，电路正常工作，被选择的数据送到输出端，如 $A_1A_0=01$，则选中数据 D_1 输出.74LS153的逻辑功能如表2-14所示.

当$\overline{G}=0$时，74LS153的逻辑表达式为

$$Y=\overline{A_1}\,\overline{A_0}D_0+\overline{A_1}A_0D_1+A_1\overline{A_0}D_2+A_0A_1D_3$$

中规模集成芯片74LS151为八选一数据选择器，引脚排列如图2-30所示.其中 $D_0\sim D_7$ 为数据输入端，$Y(\overline{Y})$为输出端.A_2、A_1、A_0 为地址端，74LS151的逻辑功能如表2-15所示.74LS151的逻辑表达式为

$$Y=\overline{A_2}\,\overline{A_1}\,\overline{A_0}D_0+\overline{A_2}\,\overline{A_1}A_0D_1+\overline{A_2}A_1\overline{A_0}D_2+\overline{A_2}A_1A_0D_3+A_2\overline{A_1}\,\overline{A_0}D_4+A_2\overline{A_1}A_0D_5+A_2A_1\overline{A_0}D_6+A_2A_1A_0D_7$$

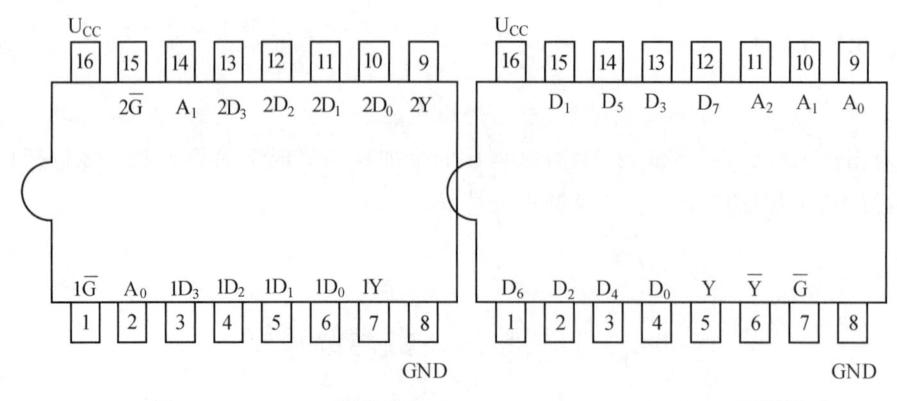

图 2-29 74LS153 引脚排列　　图 2-30 74LS151 引脚排列

表 2-14 74LS153 逻辑功能

输入			输出
$\overline{G}$	A_1	A_0	Y
1	×	×	0
0	0	0	D_0
0	0	1	D_1
0	1	0	D_2
0	1	1	D_3

表 2-15 74LS151 逻辑功能

输入		输出	
$\overline{G}$	A_2 A_1 A_0	Y	$\overline{Y}$
1	× × ×	0	1
0	0 0 0	D_0	$\overline{D_0}$
0	0 0 1	D_1	$\overline{D_1}$
0	0 1 0	D_2	$\overline{D_2}$
0	0 1 1	D_3	$\overline{D_3}$
0	1 0 0	D_4	$\overline{D_4}$
0	1 0 1	D_5	$\overline{D_5}$
0	1 1 0	D_6	$\overline{D_6}$
0	1 1 1	D_7	$\overline{D_7}$

数据选择器是一种通用性很强的中规模集成电路，它除了能传递数据外，还可用它设计数码比较器，变并行码为串行及组成函数发生器. 本实验内容为用数据选择器设计函数发生器.

用数据选择器可以产生任意组合的逻辑函数，因而用数据选择器构成函数发生器方法简便，线路简单. 对于任何给定的三输入变量逻辑函数均可用四选一数据选择器来实现，同时对于四输入变量逻辑函数可以用八选一数据选择器来实现. 应当指出，用数据选择器实现逻辑函数时，要求逻辑函数式变换成最小项表达式，因此，对函数化简是没有意义的.

例如，用八选一数据选择器实现逻辑函数

$$F = AB + BC + CA$$

写出 F 的最小项表达式

$$F=AB+BC+CA=\overline{A}BC+A\overline{B}C+AB\overline{C}+ABC$$

先将函数 F 的输入变量 A、B、C 加到八选一的地址端 A_2、A_1、A_0，再将上述最小项表达式与八选一逻辑表达式进行比较(或用两者卡诺图进行比较)，不难得出

$$D_0 = D_1 = D_2 = D_4 = 0$$

$$D_3 = D_5 = D_6 = D_7 = 1$$

图 2-31 为用八选一数据选择器实现 F=AB+BC+CA 的逻辑图.

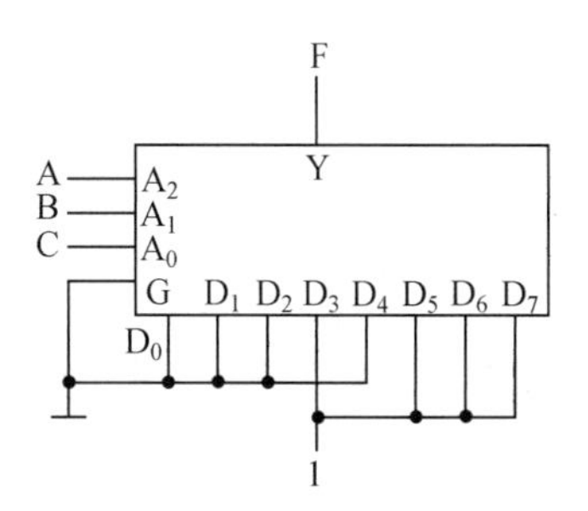

图 2-31　函数实现逻辑图

如果用四选一数据选择器实现上述逻辑函数，由于选择器只有两个地址端 A_1、A_0，而函数 F 有三个输入变量，此时可把变量 A、B、C 分成两组，任选其中两个变量(如 A、B)作为一组加到选择器的地址端，余下的一个变量(如 C)作为另一组加到选择器的数据输入端，并按逻辑函数式的要求求出加到每个数据输入端的值. 选择器输出 Y 便可实现逻辑函数 F.

当函数 F 的输入变量小于数据选择器的地址端时，应将不用的地址端及不用的数据输入端都接地处理.

三、实验仪器

1. 数字电子技术实验箱(1 个).
2. 74LS153、74LS151(各 1 个).

四、预习内容

1. 复习数据选择器的有关内容.
2. 设计用双四选一数据选择器实现三人表决电路.

画出接线图，列出测试表格.

3. 设计用八选一数据选择器实现三人表决电路.

画出接线图，列出测试表格.

4. 设计用双四选一数据选择器实现函数 $F=\overline{A}C+\overline{B}+\overline{A}C$ 的功能.

画出接线图，列出测试表格.

5. 设计用八选一数据选择器实现函数 $F=A\overline{B}+\overline{A}B$ 的功能.

画出接线图,列出测试表格.

6. 思考怎样用双四选一数据选择器构成十六选一电路.

五、实验内容与步骤

1. 测试 74LS153 双四选一数据选择器的逻辑功能.

地址端、数据输入端、使能端接逻辑开关,输出端接电平指示器.

按表 2-14 逐项进行功能验证.

2. 用 74LS153 完成下列任务.

(1) 构成全加器.

全加器和数 S_n 及向高位进位数 C_n 的逻辑方程为

$$S_n=\overline{A}\,\overline{B}\,\overline{C}_{n-1}+\overline{A}\,\overline{B}C_{n-1}+\overline{A}B\overline{C}_{n-1}+ABC_{n-1}$$

$$C_n=\overline{A}BC_{n-1}+A\overline{B}C_{n-1}+ABC_{n-1}+AB\,\overline{C}_{n-1}$$

图 2-32 为用 74LS153 实现全加器的接线图,按图连接实验电路,测试全加器的逻辑功能并记录.

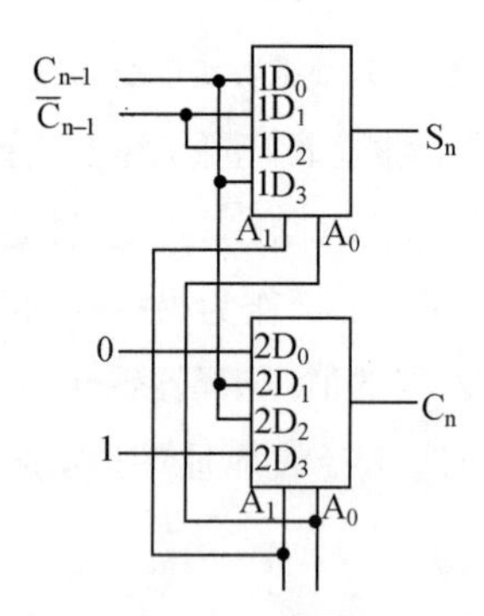

图 2-32 全加器接线图

(2) 构成三人表决电路.

自行设计用双四选一数据选择器构成三人表决电路的接线图,测试逻辑功能并记录.

(3) 构成实现函数 $F=\overline{A}C+A\overline{B}+A\overline{C}$的电路.

3. 测试 74LS151 八选一数据选择器的逻辑功能.

按表 2-15 逐项进行功能验证.

4. 用 74LS151 完成下列任务.

(1) 构成三人表决电路.

按图 2-31 接线并测试其逻辑功能.

(2) 构成实现函数 $F=A\overline{B}+\overline{A}B$ 的电路.

自行设计电路进行实验.

六、实验报告

1. 总结 74LS153 和 74LS151 的逻辑功能.

2. 总结用数据选择器构成全加器的优点，并与实验五进行比较.

3. 论证自行设计的各逻辑电路的正确性及优缺点.

实验七　集成定时器

一、实验目的

1. 了解集成定时器的电路结构和引脚功能.
2. 熟悉集成定时器的典型应用.

二、实验原理

集成定时器是一种模拟、数字混合型的中规模集成电路，外接适当的电阻电容等元件，可方便地构成单稳态触发器、多谐振荡器和施密特触发器等脉冲产生或波形变换电路. 定时器有双极型和 CMOS 两大类，其结构和工作原理基本相似. 通常双极型定时器具有较大的驱动能力，而 CMOS 定时器则具有功耗低、输入阻抗高等优点. 国产定时器 5G1555 与国外的 555 雷同，可互换使用. 图 2-33(a)、(b)为集成定时器内部逻辑图及引脚排列，表 2-16 为其引脚名.

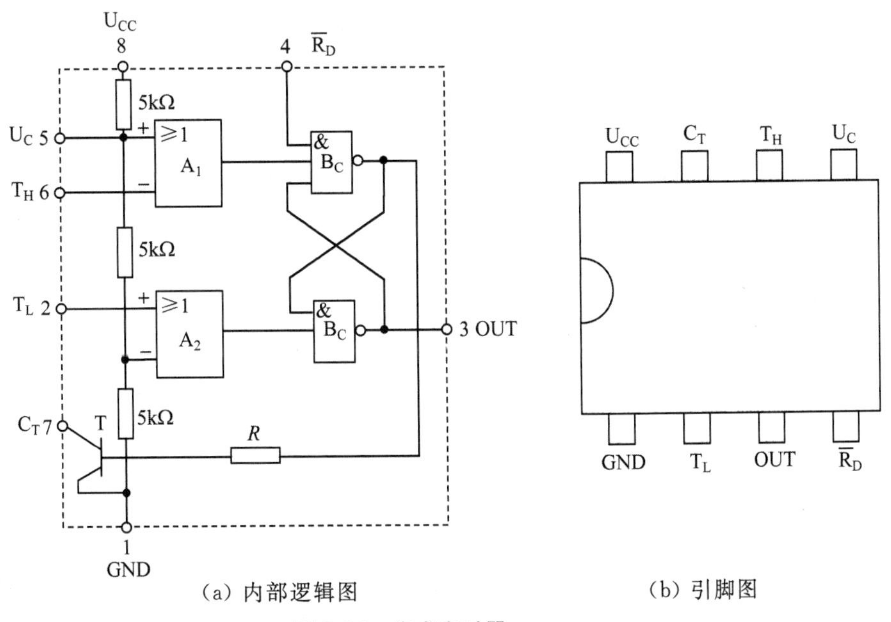

(a) 内部逻辑图　　(b) 引脚图

图 2-33　集成定时器

表 2-16　集成定时器引脚名

引脚号	1	2	3	4	5	6	7	8
引脚名	GND	$\overline{T}_L$	OUT	$\overline{R}_D$	U_C	T_H	C_T	U_{CC}
	地	低电平触发端	输出端	复位端	电压控制端	高电平触发端	放电端	电源端

从定时器内部逻辑图可见，它含有两个高精度比较器 A_1、A_2，一个基本 RS 触发器及放电晶体管 T. 比较器的参考电压由三个 5kΩ 的电阻组成的分压电路提供，它们分别使比较器 A_1 的同相输入端和 A_2 的反相输入端的电位为 $\frac{2}{3}U_{CC}$ 和 $\frac{1}{3}U_{CC}$，如果在引脚 5（控制电压端 U_C）外加控制电压，就可以方便地改变两个比较器的比较电平，当控制电压端 5 不用时应在该端与地之间接入约 0.01μF 的电容以清除外界干扰，保证参考电压稳定. 比较器 A_1 的反相输入端接高电平触发端 T_H（引脚 6），比较器 A_2 的同相输入端接低电平触发端 T_L（引脚 2），T_H 和 T_L 控制两个比较器工作，而比较器的状态决定了基本 RS 触发器的输出. 基本 RS 触发器的输出一路作为整个电路的输出（引脚 3），另一路接晶体管 T 的基极控制它的导通与截止，当 T 导通时，给接于引脚 7 的电容提供低阻放电通路.

集成定时器的典型应用如下：

1. 单稳态触发器.

单稳压触发器在外来脉冲作用下，能够输出一定幅度与宽度的脉冲，输出脉冲的宽度就是暂稳态的持续时间 t_w.

如图 2-34 所示为由 555 定时器和外接定时元件 R_T、C_T 构成的单稳态触发器. 触发信号加于低电平触发端（引脚 2），输出信号 U_o 由引脚 3 输出.

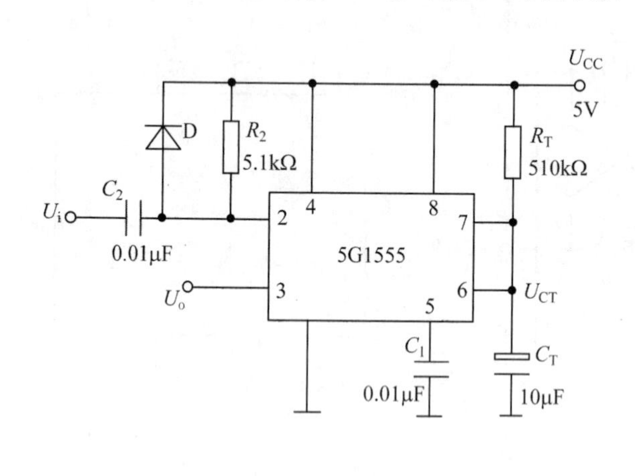

图 2-34　由 555 构成的单稳态触发器

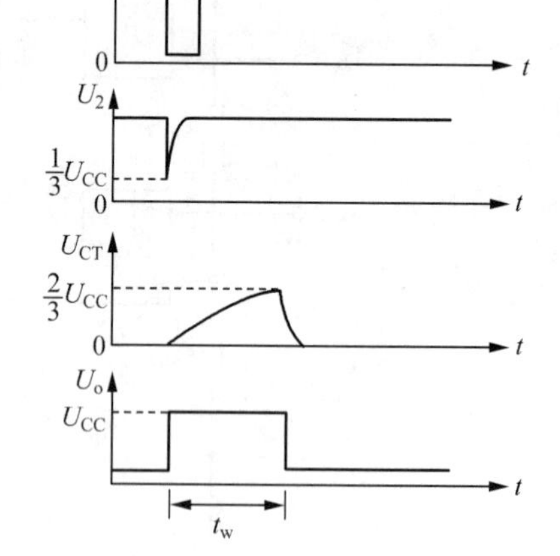

图 2-35　波形图

在 U_i 端未加触发信号时，电路处于初始稳态，单稳态触发器的输出 U_o 为低电平. 若在 U_i 端加一个具有一定幅度的负脉冲，如图 2-34 所示，于是在 2 端出现一个尖脉冲，使该端电位小于 $\frac{1}{3}U_{CC}$，从而使比较器 A_2 触发翻转，触发器的输出 U_o 从低电平跳变为高电平，暂稳态开始.电容 C_1 开始充电，U_{CT}按指数规律增加，当 U_{CT}上升到$\frac{2}{3}U_{CC}$时，比较器 A_1 翻转，触发器的输出 U_o 从高电平返回低电平，暂稳态终止.同时内部电路使电容 C_T 放电，U_{CT}迅速下降到零，电路回到初始稳态下，为下一个触发脉冲的到来做好准备.

暂稳态的持续时间 t_w 决定于外接元件 R_T、C_T 的大小，即

$$t_w = 1.1R_TC_T$$

改变 R_T、C_T 可使 t_w 在几微秒到几十分钟之间变化. C_T 尽可能选得小些，以保证很快放电.

2. 多谐振荡器.

和单稳态触发器相比，多谐振荡器没有稳定状态，只有两个暂稳态，而且无须用外来触发脉冲触发，电路能自动交替翻转，使两个暂稳态轮流出现，输出矩形脉冲.

如图 2-36 所示为由 555 定时器和外接元件 R_A、R_B、C_T 构成的多谐振荡器，引脚 2 和引脚 6 直接相连，它将自激发，成为多谐振荡器.

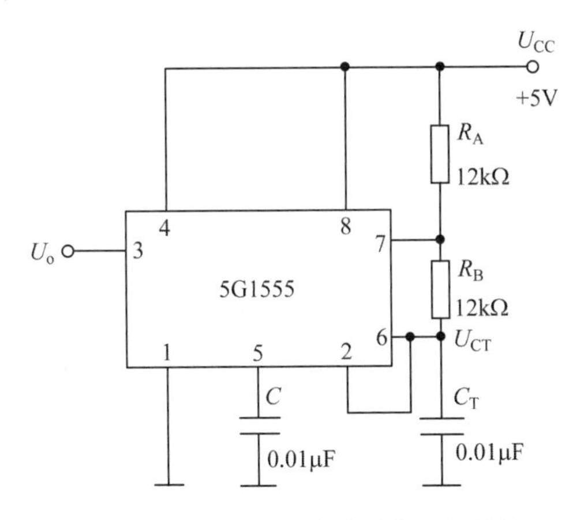

图 2-36 由 555 构成的多谐振荡器

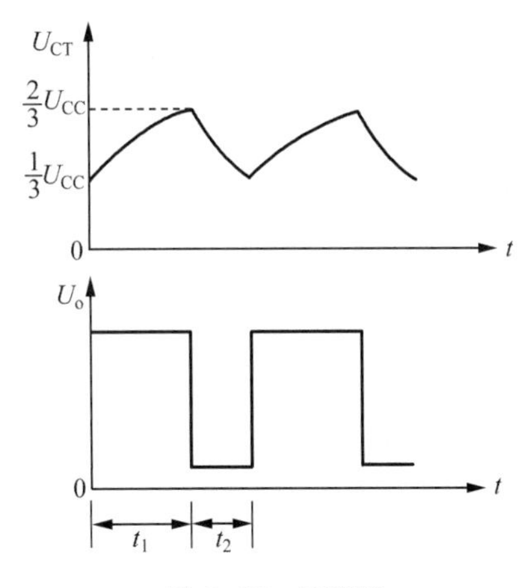

图 2-37 波形图

外接电容 C_T通过 R_A、R_B 充电，再通过 R_B 放电，在这种工作模式中，电容 C_T在$\frac{1}{3}U_{CC}$和$\frac{2}{3}U_{CC}$之间充电和放电，其波形如图 2-37 所示.

充电时间(输出为高态)

$$t_1 = 0.693(R_A + R_B)C_T$$

放电时间(输出为低态)

$$t_2 = 0.693R_BC_T$$

周期

$$T = t_1 + t_2 = 0.693(R_A + 2R_B)C_T$$

振荡频率

$$f = \frac{1}{T} = \frac{1.43}{(R_A + 2R_B)C_T}$$

3. 施密特触发器.

如图 2-38 所示为由 555 定时器及外接阻容元件构成的施密特触发器.

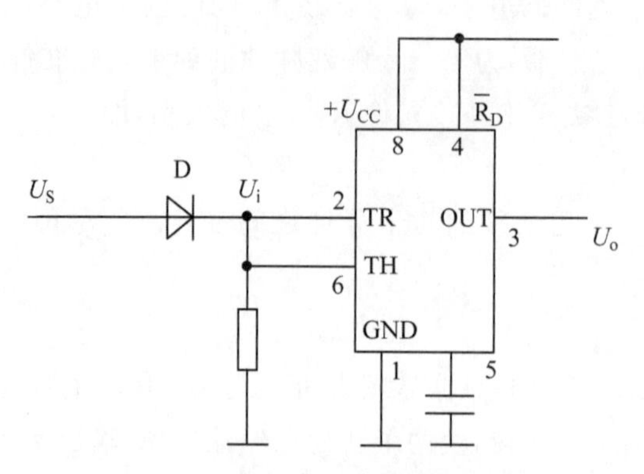

图 2-38　由 555 构成的施敏特触发器

设被变换的电压 U_S 为正弦波,其正半周通过二极管 D 同时加到 555 定时器的引脚 2 和引脚 6,U_i 为半波整流波形. 当 U_i 上升到$\frac{2}{3}U_{CC}$时,U_o 从高电平变为低电平;当 U_i 下降到$\frac{1}{3}U_{CC}$时,U_o 又从低电平变为高电平,如图 2-39 所示为 U_S、U_i、U_o 的波形图. 可见施密特触发器的接通电位 U_{T+} 为$\frac{2}{3}U_{CC}$,断开电位 U_{T-} 为$\frac{1}{3}U_{CC}$,$U_{T+}-U_T=\frac{2}{3}U_{CC}-\frac{1}{3}U_{CC}=\frac{1}{3}U_{CC}$. 电压传输特性如图 2-40 所示.

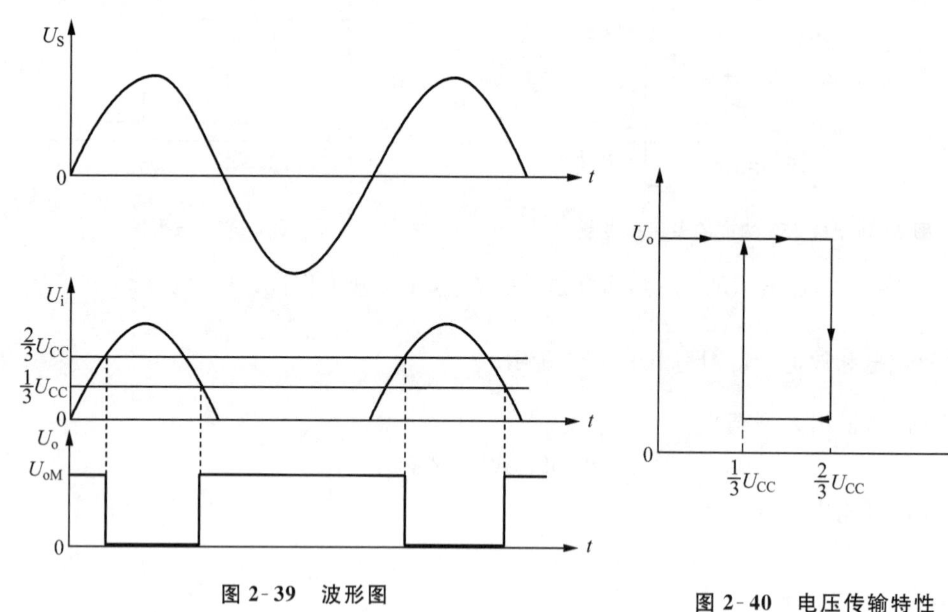

图 2-39　波形图

图 2-40　电压传输特性

三、实验仪器

1. 数字电子技术实验箱(1 个).
2. 信号源及频率计(1 台).

3. 集成定时器555(2个).

4. 示波器(1台).

5. 电阻电容若干.

四、预习内容

1. 列出实验中需要的数据、波形表格.

2. 在单稳电路中,若

$R_T=330k\Omega, C_T=4.7\mu F$,则 $t_w=$

$R_T=330k\Omega, C_T=0.01\mu F$,则 $t_w=$

3. 单稳电路的输出脉冲宽度 t_w 大于触发器的周期将会出现什么现象?

4. 根据实验中所给的电路参数,计算多谐振荡器的

$t_1=$　　　　$t_2=$　　　　$T=$

5. 在施密特触发器实验中,为使 U_o 为方波,U_S 的峰峰值至少应为多少?

6. 如何用示波器观察施密特触发器的电压传输特性?

注意:NE7555逻辑功能及管脚排列与5G1555相同,可互换使用.

五、实验内容与步骤

1. 单稳压触发器.

(1) 按图2-34连接实验线路.

U_{CC}接+5V电源,输入信号 U_i 由单次脉冲源提供,用双踪示波器观察并记录 U_i、U_{CT}、U_o 波形,标出幅度与暂稳时间.

(2) 将 C_T 改为0.01μF,输入端送1kHz连续脉冲,观察并记录 U_i、U_{CT}、U_o 波形,标出幅度与暂稳时间.

2. 多谐振荡器.

按图2-36连接实验电路.

用示波器观察并记录 U_{CT}、U_o 波形,标志幅度和周期.

3. 施密特触发器.

按图2-38连接实验线路.

(1) 输入信号 U_S 由信号源提供,预先调好 U_S 频率为1kHz,接通$+U_{CC}$(5V)电源后,逐渐加大 U_S 幅度,并用示波器观察 U_S 波形,直至 U_S 峰峰值为5V左右.用示波器观察并记录 U_S、U_i、U_o 波形,示出 U_S 的幅度、接通电位 U_{T+}、断开电位 U_{T-} 及回差电压 ΔU.

(2) 观察电压传输特性.

4. 模拟声响电路.

用两片555定时器构成两个多谐振荡电路,如图2-41所示.调节定时元件,使振荡器Ⅰ振荡频率较低,并将其输出(引脚3)接到高频振荡器Ⅱ的电压控制端(引脚5).则当振荡器Ⅰ输出高电平时,振荡器Ⅱ的振荡频率较低;当振荡器Ⅰ输出低电平时,振荡器Ⅱ的振荡频

率高,从而使振荡器Ⅱ的输出端(引脚3)所接的扬声器发出“嘟、嘟……”的间歇响声.

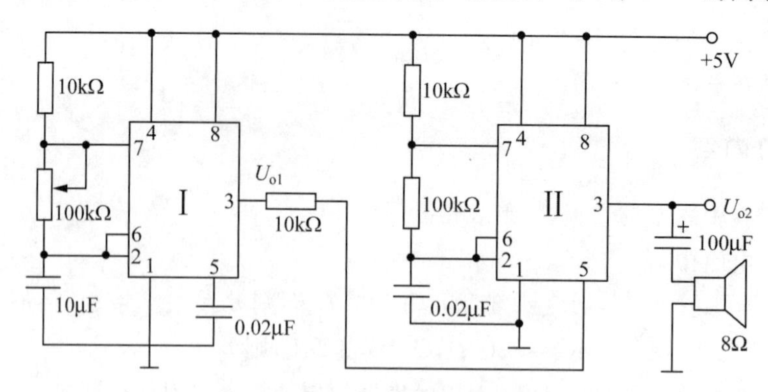

图 2-41 多谐振荡电路

按图2-41接好实验线路,调换外接阻容元件,试听音响效果.

六、实验报告

1. 定量地画出实验所要求记录的各波形.
2. 整理实验数据,分析实验结果与理论计算结果的差异,并进行分析讨论.

项目三　微控制器应用

实验一　单片机开发工具的了解与掌握

一、实验目的

了解单片机的开发环境、熟悉实验系统及仿真软件的简单应用.

二、实验内容

L0、L2、L4、L6 和 L1、L3、L5、L7 交替点亮.

三、实验接线

P1 口接 L0～L7.

四、参考程序

```
#include <REG51.H>
//************************
void delay(void)
{
    unsigned int i,j;
    for(i=0;i<500;i++)
    {
        for(j=0;j<121;j++)
        {;}
    }
}
//*********************
void light1(void)
{
```

```
    P1=0xaa;
}
//********************
void light2(void)
{
    P1=0x55;
}
//*********************
void main(void)
{
    while(1)
    {
        light1();
        delay();
        light2();
        delay();
    }
}
```

实验二 I/O口输入输出实验

一、实验目的

了解单片机的开发环境、熟悉实验系统，理解 I/O 口的基本输入输出编程.

二、实验内容

用按键控制蜂鸣器的启动和停止.

三、实验接线

P3.1 接单脉冲/SP ，P3.4 接电子音响控制 sin，电子音响控制卧式开关拨向音乐的位置，J3 跳帽接左边.（P3.5 最好不要定义，仿真器自身占用）

四、参考程序

```
#include<reg52.h>
#define uint unsigned int        //宏定义
sbit SPK=P3^4;                   //定义喇叭端口
sbit key=P3^1;                   //
```

```
void delay(uint z)
{
    uint x,y;
    for(x=z;x>0;x--)
    for(y=110;y>0;y--);
}

void main()
{
    while(1)
    {
        if(key==0)
        {
            delay(100);
            SPK=0;
            delay(100);
            SPK=1;
        }
        else
        {
            SPK=1;
        }
    }
}
```

实验三　外部中断实验

一、实验目的

熟悉外部中断的典型应用.

二、实验内容

采用外中断完成计数或停止计数.

三、实验接线

P3.2 接单脉冲/SP,P0 口接数码管显示 DU(a～h),P2 口接 BIT(BIT0～BIT7).

按下按钮开始计数(000～999),再按一下停止. 数码管没有加入驱动电路,所以显示比较暗.

四、参考程序

```
#include <REG51.H>
#define uchar unsigned char
#define uint unsigned int
uchar code SEG7[10]={0x3f,0x06,0x5b,0x4f,0x66,0x6d,0x7d,0x07,0x7f,0x6f};
uchar ACT[4]={0xfe,0xfd,0xfb,0xf7};
//******************************
uint data cnt;
bit bdata bitflag;
//***********************
void init(void)
{
    bitflag=0;
    EX0=1;
    IT0=1;
    EA=1;
}
//**************************
void delay(uint k)
{
    uint data i,j;
    for(i=0; i<k;i++)
    {
        for(j=0; j<121; j++)
        {;}
    }
}
//**************************
void main(void)
{
    uchar i;
    init();
    while(1)
    {
        if(bitflag)cnt++;
        if(cnt>999)cnt=0;
        for(i=0;i<100;i++)
        {
```

```
            P0=SEG7[cnt/100];
            P2=ACT[2];
            delay(1);
            P0=SEG7[(cnt%100)/10];
            P2=ACT[1];
            delay(1);
            P0=SEG7[cnt%10];
            P2=ACT[0];
            delay(1);
        }
    }
}
//***************************
void extern_int0(void) interrupt 0 using 0
{
    bitflag=! bitflag;
}
```

实验四　定时器/计数器实验

一、实验目的

掌握定时器/计数器中断的综合应用.

二、实验内容

采用定时器实现一个低功耗路障灯工作演示电路.(1s 内控制 LED 亮 0.2s、灭 0.8s.)

三、实验接线

P1.0 接 L0.

四、参考程序

```
#include <REG51.H>
#define uchar unsigned char
#define uint unsigned int
//***********************
uchar data cnt;
//***************************
```

```
sbit LAMP=P1^0;
//***********************
void init(void)
{
    TMOD=0x01;
    TH0=-(50000/256);
    TL0=-(50000%256);
    ET0=1;
    TR0=1;
    EA=1;
}
//***********************
void delay(uint k)
{
    uint data i,j;
    for(i=0;i<k;i++)
    {
        for(j=0;j<121;j++)
        {;}
    }
}
//***********************
void time0(void) interrupt 1
{
     TH0=-(50000/256);
     TL0=-(50000%256);
     cnt++;
     if(cnt<=2) LAMP=0;
     else LAMP=1;
     if(cnt>=20) cnt=0;
}
//***********************
void main(void)
{
    init();
    while(1)
    {
        delay(3000);
    }
}
```

实验五　LED 显示实验

一、实验目的

掌握 LED 显示器的工作方式，编写显示处理程序.

二、实验内容

从 P0 口依次快速(时间为 1ms)显示"87654321".

三、实验接线

P0 口接数码管显示 DU(a～h)，P2 口接 BIT(BIT0～BIT7).
数码管没有加入驱动电路，所以显示比较暗.

四、参考程序

```
#include <REG51.H>
#define uint unsigned int
#define uchar unsigned char
uchar code DIS_SEG7[16]={0x3f,0x06,0x5b,0x4f,0x66,
    0x6d,0x7d,0x07,0x7f,0x6f,0x77,0x7c,0x39,0x5e,0x79,0x71};
uchar code DIS_BIT[8]={0xfe,0xfd,0xfb,0xf7,0xef,0xdf,0xbf,0x7f};
//************************
void delay(uint k)
{
    uint data i,j;
    for(i=0;i<k;i++)
    {
        for(j=0;j<121;j++)
        {;}
    }
}
//***************************
void main(void)
{
    uchar cnt;
    while(1)
    {
```

```
            for(cnt=0;cnt<8;cnt++)
            {
                P0=DIS_SEG7[cnt+1];
                P2=DIS_BIT[cnt];
                delay(1);
            }
        }
    }
```

实验六　键盘输入实验(一)

一、实验目的

掌握独立式按键工作原理,编写键盘处理程序.

二、实验内容

实现对于一个控制键,按一下,八段数码管加 1,再按再加 1,按 0～9 循环.

三、实验接线

P2 口接数码管显示 DU(a～h),P3 口接 BIT(BIT0～BIT7)或者 P3.1 接 BIT0.
P1.0 接 K1,拨动 K1,计数+1,按 0～9 循环.数码管没有加入驱动电路,所以显示比较暗.

四、参考程序

```
#include<reg52.h>
#define uchar unsigned char
#define uint unsigned int
sbit key1=P1^0;
uchar num;
uchar code table[]= {0x3f,0x06,0x5b,0x4f,0x66,0x6d,0x7d,0x07,0x7f,0x6f};
void delay(uint z)
{
    uint x,y;
    for(x=110;x>0;x--)
    for(y=z;y>0;y--);
}
void main()
{
```

```
    while(1)
    {
        if(key1==0)
        {
            delay(5);
            if(key1==0)
            {
                num++;
                if(num==10)
                num=0;
                while(! key1);
                delay(5);
                while(! key1);
            }
        }
        P2=table[num];
        P3=0xfd;
    }
}
```

实验七　键盘输入实验(二)

一、实验目的

掌握矩阵式按键工作原理,编写键盘处理程序.

二、实验内容

实现对 4×4 键盘,通电后个位数码管显示 0,按下几号键,个位数码管显示相应键号.

三、实验接线

P0 口接数码管显示 DU(a～h),P1 口接 BIT(BIT0～BIT7),P2 口高四位接 KH,P2 口低四位接 KL,四芯线中间的边可用刀片切掉,插入 P2 口排线,也可用单根杜邦线直接连接.

四、参考程序

```
#include<REG51.H>
#define uchar unsigned char
#define uint unsigned int
```

```
uchar code DIS_SEG7[16]={0x3f,0x06,0x5b,0x4f,0x66,
            0x6d,0x7d,0x07,0x7f,0x6f,0x77,0x7c,0x39,0x5e,0x79,0x71};
uchar code DIS_BIT[8]={0xfe,0xfd,0xfb,0xf7,0xef,0xdf,0xbf,0x7f};
uchar code SKEY[16]={10,11,12,13,3,6,9,14,2,5,8,0,1,4,7,15};
uchar code act[4]={0xfe,0xfd,0xfb,0xf7};
//************************
void delay(uint k)
{
    uint data i,j;
    for(i=0;i<k;i++)
    {
        for(j=0;j<121;j++)
        {;}
    }
}
//***************************
char scan_key(void)
{
    uchar i,j,in,ini,inj;
    bit find=0;
    for(i=0;i<4;i++)
    {
        P2=act[i];
        delay(10);
        in=P2;
        in=in>>4;
        in=in|0xf0;
        for(j=0;j<4;j++)
        {
            if(act[j]==in)
            {
                find=1;
                inj=j;
                ini=i;
            }
         }
    }
     if(find==0)return -1;
     return (ini*4+inj);
```

```
}
//******************************
void main(void)
{
        char c;
        uchar key_value;
        while(1)
        {
            c=scan_key();
            if(c! =-1) key_value=SKEY[c];
            P0=DIS_SEG7[key_value];
            P1=DIS_BIT[0];
            delay(2);
        }
}
```

实验八　单片机与 PC 的通信

一、实验目的

掌握串口的基本应用.

二、实验内容

PC 发送一个字符给单片机，单片机收到后即在个位、十位数码管上进行显示，同时将其回发给 PC. 要求：单片机收到 PC 发来的信号后用串口中断方式处理，而单片机回发给 PC 时用查询方式.

三、实验接线

P0 口接数码管显示 DU(a～h)，P2 口接 BIT(BIT0～BIT7)，P3.1 接用户串行通信区 TXD_232，P3.1 接用户串行通信区 RXD_232. 用户串行通信区开关置串行，用户通信串口接计算机.

如果计算机有 2 个串口，则直接连接；如果计算机只有一个串口，则运行程序后用任务管理器关掉 KEIL 软件，再连接用户串口.

打开串口调试助手(程序文件夹 test8 中有)，选择串口，波特率选择 9600，自动发送数字或字母. 如图 3-1 所示为“串口调试助手”界面.

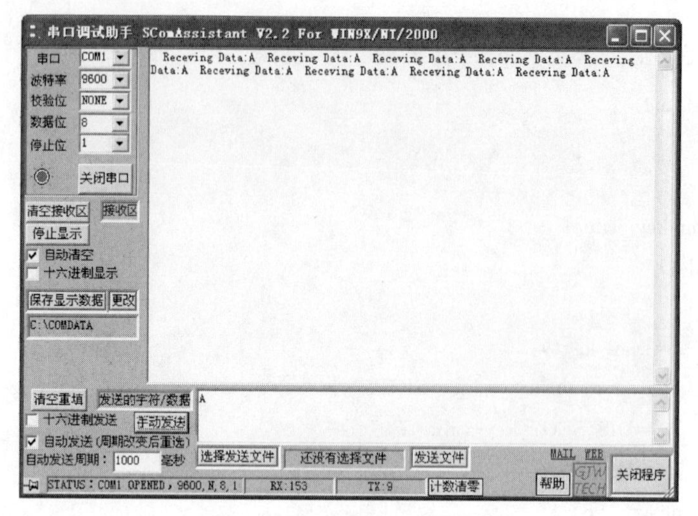

图 3-1 “串口调试助手”界面

四、参考程序

```
#include <REG51.H>
#define uchar unsigned char
#define uint unsigned int
uchar code SEG7[10]={0x3f,0x06,0x5b,0x4f,0x66,0x6d,0x7d,0x07,0x7f,0x6f};
uchar code ACT[4]={0xfe,0xfd,0xfb,0xf7};
//************************
uchar code as[]="  Receving Data:\0";
uchar a=0x30,b;
//************************
void init(void)
{
    TMOD=0x20;
    TH1=0xfd;
    TL1=0xfd;
    SCON=0x50;
    TR1=1;
    ES=1;
    EA=1;
}
//************************
void delay(uint k)
{
    uint data i,j;
    for(i=0;i<k;i++)
```

```
    {
        for(j=0;j<121;j++)
        {;}
    }
}
//************************
void main(void)
{
    uchar i;
    init();
    while(1)
    {
        P0=SEG7[(a-0x30)/10];
        P2=ACT[1];
        delay(1);
        P0=SEG7[(a-0x30)%10];
        P2=ACT[0];
        delay(1);
        if(RI)
        {
            RI=0;i=0;
            while(as[i]!='\0')
            {
                SBUF=as[i];
                while(!TI);
                TI=0;i++;
            }
            SBUF=b;
            while(!TI);
            TI=0;
            EA=1;
        }
    }
}
//************************
void serial_serve(void) interrupt 4
{
    a=SBUF;
    b=a;
    EA=0;
}
```

项目四 电力电子技术

实验一 单相全控桥式可控整流电路

一、实验目的

1. 了解单相全控桥式整流电路的组成、特性和计算方法.
2. 了解不同负载类型的特性.

二、实验原理

可控硅(又名晶闸管)不同于整流二极管,可控硅的导通是可控的.可控整流电路的作用是把交流电变换为电压值可以调节的直流电.可控硅的特点是以弱控强,它只需功率很小的信号(几十到几百毫安的电流,2～3V的电压)就可控制大电流、大电压的通断,因而它是一个电力半导体器件,被应用于强电系统.

在单相可控整流电路中应用较为广泛的是单相桥式全控整流电路和单相桥式半控整流电路.

把单相桥式整流电路中的两个整流二极管换成可控硅,就成了单相桥式半控整流电路,简称单相半控桥,如图4-1(a)所示.

把单相桥式整流电路中的四个整流二极管都换成可控硅,就成了单相桥式全控整流电路,简称单相全控桥,如图4-1(b)所示.

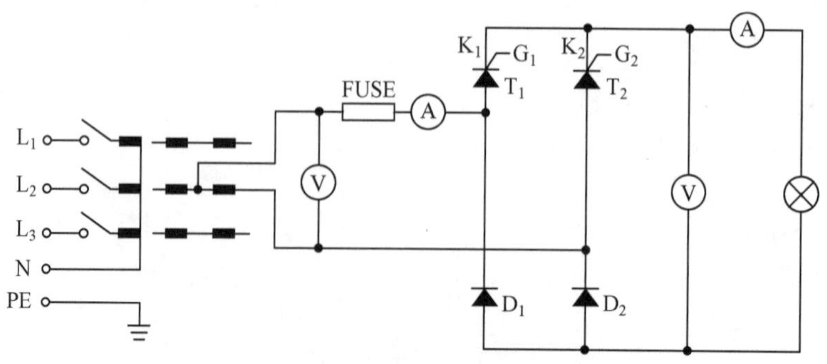

(a) 单相桥式半控整流电路主回路

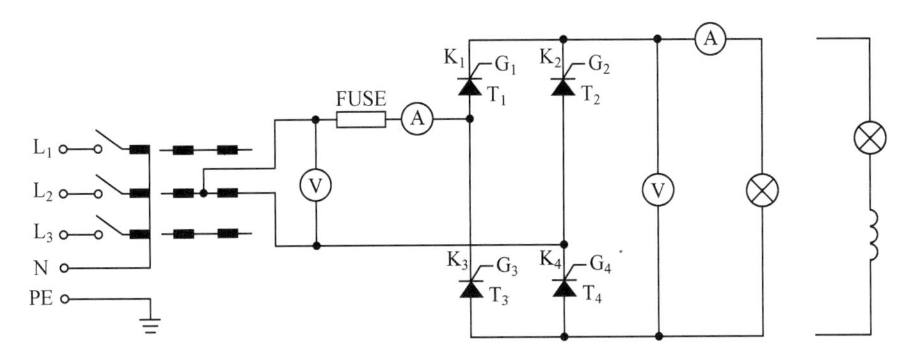

(b) 单相桥式全控整流电路主回路

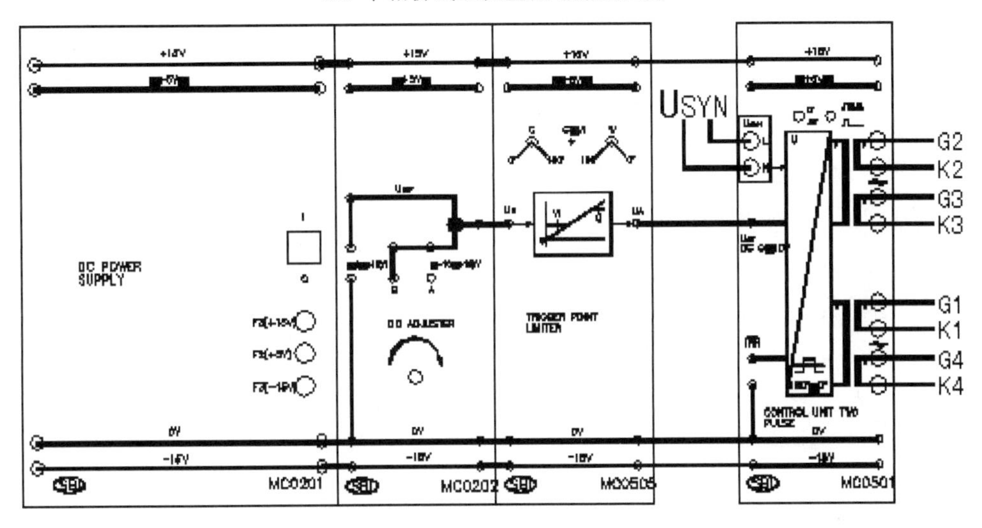

(c) 单相桥式全控整流电路控制回路

图 4-1　单相桥式可控整流电路

如图 4-1(b)、(c)所示，设变压器次级电压为 $u_2=\sqrt{2}U_2\sin\omega t$，其为电阻性负载，控制角为 α，则

负载上直流电压平均值 U_d 及有效值 U 的计算公式如下：

$$U_d=2\times0.45U_2\,\frac{1+\cos\alpha}{2}=0.9U_2\,\frac{1+\cos\alpha}{2}(0^\circ\leqslant\alpha\leqslant180^\circ)$$

$$U=\sqrt{2}U_2\sqrt{\frac{1}{4\pi}\sin2\alpha+\frac{\pi-\alpha}{2\pi}}=U_2\sqrt{\frac{1}{2\pi}\sin2\alpha+\frac{\pi-\alpha}{\pi}}$$

直流电流平均值 I_d 的计算公式如下：

$$I_d=U_d/R_d$$

晶闸管电流平均值 I_{dT} 和有效值 I_T 的计算公式如下：

$$I_{dT}=\frac{1}{2}I_d=0.45\frac{U_2}{R_d}\frac{1+\cos\alpha}{2}$$

$$I_T=\frac{1}{\sqrt{2}}I_d=\frac{1}{\sqrt{2}}\frac{U_2}{R_d}\sqrt{\frac{\sin2\alpha}{2\pi}+\frac{\pi-\alpha}{\pi}}$$

控制角 α 的移相范围是 $0^\circ \sim 180^\circ$.

在图 4-1(b)中,若采用大电感负载,则直流电压平均值 U_d 为

$$U_d = \frac{1}{\pi}\int_{\alpha}^{\pi+\alpha}\sqrt{2}U_2\sin\omega t\,d(\omega t) = 0.9U_2\cos\alpha\ (0^\circ \leqslant \alpha \leqslant 90^\circ)$$

三、实验仪器

1. 变压器 45V/90V 3N(1 台,MC0101).
2. 保险丝(1 个,MC0401).
3. 可控硅(4 个,MC0309D).
4. 二极管(2 个,MC0301).
5. 负载板(1 个,MC0602 或 MC0604).
6. 2 脉冲控制单元(1 个,MC0501).
7. 稳压电源(±15V)(1 台,MC0201).
8. 电压/电流表(1 块,MC2004).
9. 输入单元(1 个,MC0202).
10. 大电感负载(1 个,400mL/800mL).
11. 示波器(1 台).
12. 万用表(1 块).
13. 导线和短接桥(若干).

四、实验步骤

1. 根据图 4-1(b)和(c)连接线路(注意:主回路和控制回路交流供电电源必须同步)将各实验模块连接好,采用电阻负载.取 U_2=45V(或 90V)挡的交流电为输入电压.

2. 用万用表实测输入电压 $U_{2有效值}$=________V.

3. 调节可控硅的触发角,用示波器观测负载上的电压波形,控制角分别为 0°、30°、60°、90°、120°、150°和 180°,测量并记录不同控制角时负载电压平均值,填入表 4-1 中.

表 4-1 数据表

控制角 / U_d		0°	30°	60°	90°	120°	150°	180°
电阻性负载	测量值							
	计算值							
电感性负载	测量值							
	计算值							

4. 将负载改接成大电感负载,重复上述操作.

5. 用示波器观察不同负载时输入电压、负载电压及晶闸管两端电压波形.并将控制角

$\alpha=60^{\circ}$时的波形记录下来.

输入电压波形：

电阻性负载输出电压波形：

电阻性负载晶闸管 T_1 两端的电压波形：

电感性负载输出电压波形：

电感性负载晶闸管 T_1 两端的电压波形：

五、分析和讨论

1. 对记录下来的波形进行描述和分析.
2. 对记录下来的电压测量值和计算值进行分析.
3. 分析可控硅电流 i_{T1}、i_{T2} 以及直流电流的波形.

实验二　三相半波可控整流电路

一、实验目的

1. 了解三相半波整流电路的组成、特性和计算方法.
2. 了解不同负载类型的特性.

二、实验原理

如图 4-2 所示为三相半波可控整流实验电路. 图(a)中 T_1、T_3、T_5 的阴极接在一起,这种接法叫共阴极接法.

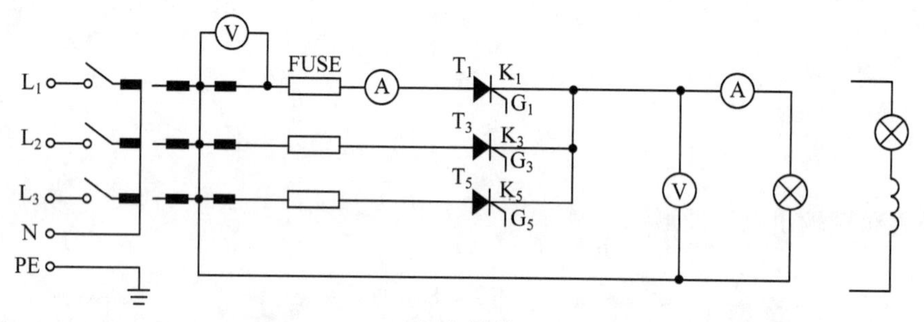

(a) 主回路

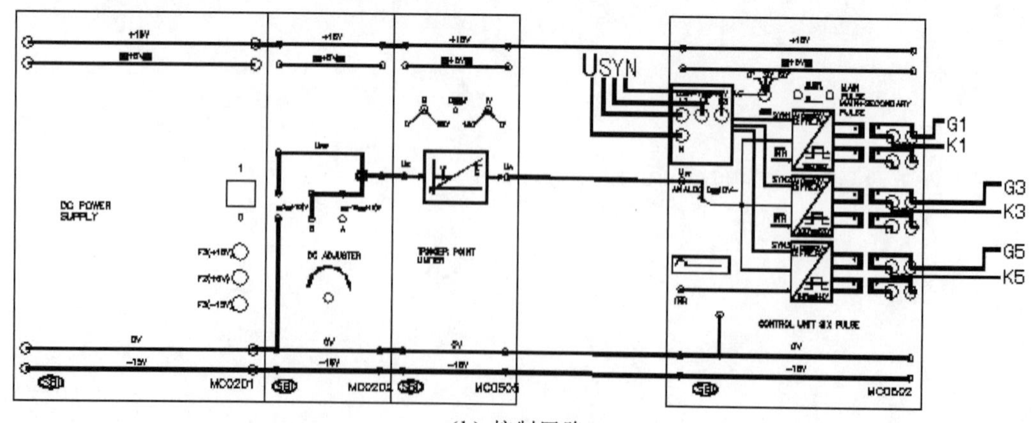

(b) 控制回路

图 4-2　三相半波可控整流电路

设变压器次级电压有效值为 U_2，电阻性负载，控制角为 α，则负载上直流电压平均值 U_d 取值如下：

当 $0°\leqslant\alpha\leqslant30°$ 时，$U_d=1.17U_2\cos\alpha$

当 $30°<\alpha\leqslant150°$ 时，$U_d=0.675U_2\left[1+\cos\left(\frac{\pi}{6}+\alpha\right)\right]$

在图 4-2(a)中，若采用大电感负载，则直流电压平均值 U_d 为

$$U_d=1.17U_2\cos\alpha(0°\leqslant\alpha\leqslant90°)$$

三、实验仪器

1. 变压器 45V/90V 3N(1 台，MC0101).
2. 可控硅(1 个，MC0309D).
3. 二极管(3 个，MC0301).
4. 保险丝(1 个，MC0401).
5. 负载板(1 块，MC0602 或 MC0604).
6. 六脉冲控制单元(1 个，MC0502).
7. 输入单元(1 个，MC0202).
8. 稳压电源(±15V)(1 台，MC0201).
9. 电压/电流表(1 块，MC2004).
10. 大电感负载(1 个，400mL/800mL).
11. 示波器(1 台).
12. 万用表(1 块).
13. 导线和短接桥(若干).

四、实验步骤

模块 MC0502 为六脉冲控制单元，面板上的 L_1、L_2、L_3、N 作为同步信号输入端，应注意其相序. T_1、T_3、T_5 按照线路图连接，注意正负端. 实验时 α 置 0°，如采用宽脉冲方式控制，宽窄脉冲开关置上，单脉冲双脉冲开关置上(MAIN PULSE). 如采用双窄脉冲方式控制，宽窄脉冲开关置下，单脉冲双脉冲开关置下(MAIN+SECONDARY PULSE).

1. 根据图 4-2 所示连接线路，注意主回路和控制回路交流供电电源必须同步. 将各实验模块连接好，可控硅按照线路图所示方向放置，采用电阻负载，取 $U_2=45$V 挡的交流电为输入电压.

2. 用万用表实测输入电压 $U_{2有效值}=$________V.

3. 调节可控硅的触发角，用示波器观测负载上的电压波形，控制角从 0°起，每隔 30°测量并记录一次负载电压平均值，填入表 4-2 中.

表 4-2 数据表

U_d \ 控制角		0°	30°	60°	90°	120°	150°
电阻性负载	测量值						
	计算值						
电感性负载	测量值						
	计算值						

4. 将负载改接成大电感负载，重复上述操作.

5. 用示波器观察不同负载时输入电压、负载电压及晶闸管两端电压波形. 并将控制角 $\alpha=60°$时的波形记录下来.

电阻性负载输出电压波形：

电阻性负载晶闸管 T_1 两端的电压波形：

电感性负载输出电压波形：

电感性负载晶闸管 T_1 两端的电压波形：

五、分析和讨论

1. 对记录下来的波形进行描述和分析.

2. 对记录下的电压测量值和计算值进行分析.
3. 分析可控硅电流及直流电流的波形.

实验三 三相桥式可控整流电路

一、实验目的

1. 了解三相桥式整流电路的组成、特性和计算方法.
2. 了解不同负载类型的特性.

二、实验原理

如图 4-3 所示为三相桥式可控整流实验电路. 图(a)为三相桥式半控整流电路,它由共阴极接法的三相半波可控整流电路与共阳极接法的三相半波不可控整流电路串联而成,这种电路兼有可控与不可控两者的特性. 图(b)为三相桥式全控整流电路,它实质上是一组共阴极组、一组共阳极组的三相半波可控整流电路的串联. 三相桥式全控整流电路在任何时刻都必须保证有两个晶闸管同时导通才能构成电流回路.

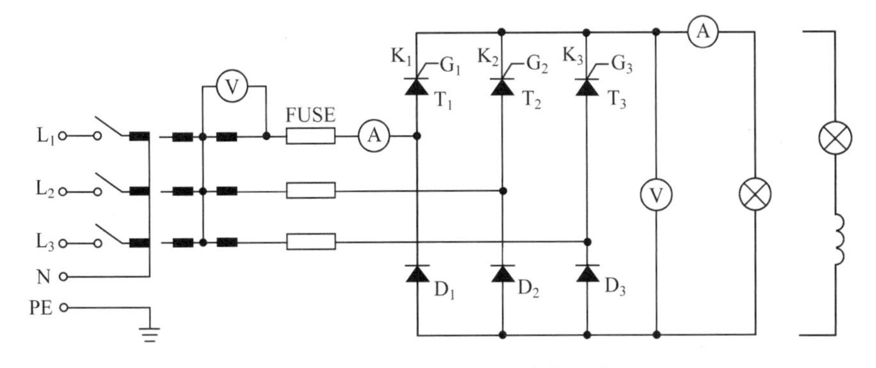

(a) 三相桥式半控整流电路主回路

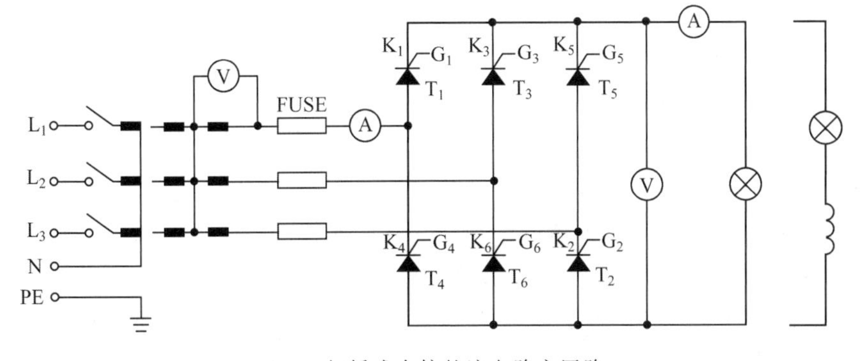

(b) 三相桥式全控整流电路主回路

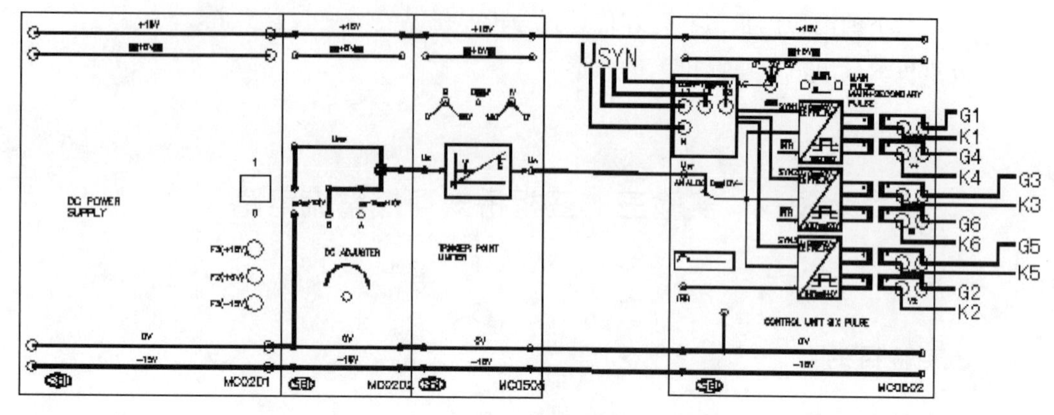

(c) 控制回路

图 4-3　三相桥式可控整流电路

三相桥式全控整流电路如图 4-3(b)、(c)所示，设变压器次级电压有效值为 U_2，电阻性负载，控制角为 α，则负载上直流电压平均值 U_d 取值如下：

当 $0° \leqslant \alpha \leqslant 60°$ 时，$U_d = 2.34U_2\cos\alpha$

当 $60° < \alpha \leqslant 120°$ 时，$U_d = 2.34U_2\left[1+\cos\left(\frac{\pi}{3}+\alpha\right)\right]$

在图 4-3(b)中，若采用大电感负载，则直流电压平均值 U_d 为

$$U_d = 2.34U_2\cos\alpha (0° \leqslant \alpha \leqslant 90°)$$

三相桥式半控整流电路如图 4-3(a)、(c)所示，设变压器次级电压有效值为 U_2，控制角为 α，负载上直流电压平均值 U_d 为

$$U_d = 1.17U_2(1+\cos\alpha)(0° \leqslant \alpha \leqslant 180°)$$

三、实验仪器

1. 变压器 45V/90V 3N(1 台，MC0101).
2. 可控硅(1 个，MC0309D).
3. 二极管(3 个，MC0301).
4. 保险丝(1 个，MC0401).
5. 负载板(1 块，MC0602 或 MC0604).
6. 六脉冲控制单元(1 个，MC0502).
7. 输入单元(1 个，MC0202).
8. 稳压电源(±15V)(1 台，MC0201).
9. 电压/电流表(1 块，MC2004).
10. 大电感负载(1 个，400mL/800mL).
11. 示波器(1 台).
12. 万用表(1 块).
13. 导线和短接桥(若干).

四、实验步骤

模块 MC0502 为六脉冲控制单元，面板上的 L_1、L_2、L_3、N 作为同步信号输入端，注意其相序. T_1、T_4、T_3、T_6、T_5、T_2 按照线路图连接，注意正负端. 实验时 α 置 0°，如采用宽脉冲方式控制，宽窄脉冲开关置上，单脉冲双脉冲开关置上(MAIN PULSE). 如采用双窄脉冲方式控制，宽窄脉冲开关置下，单脉冲双脉冲开关置下(MAIN＋SECONDARY PULSE).

1. 三相桥式全控整流电路.

(1) 根据图 4-3(b)和(c)连接线路，注意主回路和控制回路交流供电电源必须同步. 将各实验模块连接好，可控硅按照线路图所示方向放置，采用电阻负载，取 $U_2=45$V 挡的交流电为输入电压.

(2) 用万用表实测输入电压 $U_{2有效值}=$________V.

(3) 调节可控硅的触发角，用示波器观测负载上的电压波形，控制角从 0°起，每隔 30°测量并记录一次负载电压平均值，填入表 4-3 中.

表 4-3　数据表

U_d \ 控制角		0°	30°	60°	90°	120°
电阻性负载	测量值					
	计算值					
电感性负载	测量值					
	计算值					

(4) 将负载改接成大电感负载，重复上述操作.

(5) 用示波器观察不同负载时输入电压、负载电压及晶闸管两端电压波形. 并将控制角 $\alpha=30°$时的波形记录下来.

电阻性负载输出电压波形：

电感性负载输出电压波形：

电感性负载晶闸管 T_1 两端的电压波形：

2. 三相桥式半控整流电路.

(1) 根据图 4-3(a)和(c)连接线路，注意主回路和控制回路交流供电电源必须同步. 将各实验模块连接好，可控硅按照线路图所示方向放置，采用电阻负载，取 $U_2=45\text{V}$ 挡的交流电为输入电压.

(2) 用万用表实测输入电压 $U_{2有效值}=$ ________ V.

(3) 调节可控硅的触发角，用示波器观测负载上的电压波形，控制角分别为 0°、30°、60°、90°、120°、150°和 180°，测量并记录不同控制角时负载电压平均值，填入表 4-4 中.

表 4-4 数据表

U_d \ 控制角		0°	30°	60°	90°	120°	150°	180°
电阻性负载	测量值							
	计算值							
电感性负载	测量值							
	计算值							

(4) 将负载改接成大电感负载，重复上述操作.

(5) 用示波器观察不同负载时输入电压、负载电压及晶闸管两端电压波形. 并将控制角 $\alpha=30°$时的波形记录下来.

电阻性负载输出电压波形：

电阻性负载晶闸管 T_1 两端的电压波形：

电感性负载输出电压波形：

电感性负载晶闸管 T_1 两端的电压波形：

五、分析和讨论

1. 对记录下来的波形进行描述和分析.
2. 对记录下的电压测量值和计算值进行分析.
3. 分析可控硅电流及直流电流的波形.

实验四　单相桥式无源逆变电路

一、实验目的

1. 了解 MOSFET 场效应管的结构、特性及其驱动电路.
2. 了解逆变电路的基本形式.
3. 熟悉单相全桥逆变电路的组成和特性.

二、实验原理

将交流电能变换为直流电能的过程称为整流，逆变与整流恰好相反，是将直流电能变换为交流电能的过程.逆变电路分为有源逆变电路和无源逆变电路.将直流电能变换为交流电能，再直接向非电源负载供电的电路称为无源逆变电路.

无源逆变电路的种类很多，最常见的有单相半桥逆变电路、单相全桥逆变电路、推挽式单相逆变电路、三相全桥逆变电路等，而这些电路又各有电压型和电流型两种形式.单相全桥逆变电路实验电路如图 4-4 所示.

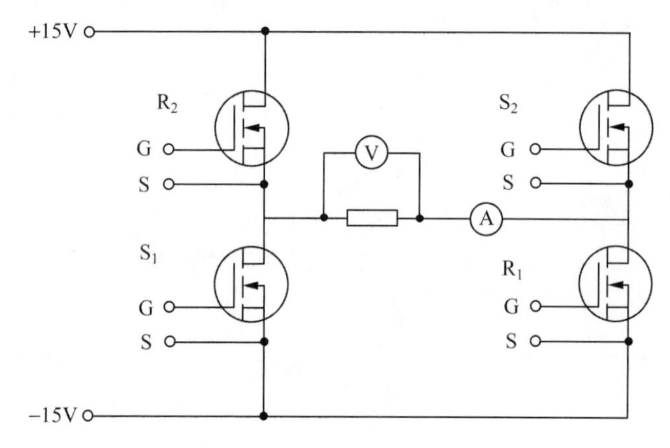

(a) 主回路

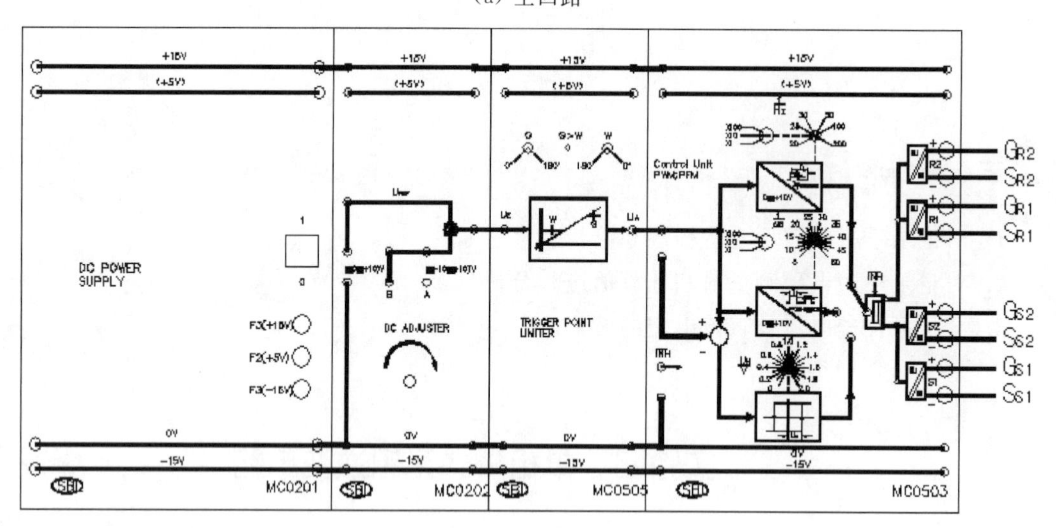

(b) 控制回路

图 4-4 单相全桥逆变电路

三、实验仪器

1. MOSFET(1 个，MC2018C).
2. 负载板(1 块，MC0603).

3. PWM/PFM/ZPR 控制板(1 块,MC0503).
4. 输入单元(1 个,MC0202).
5. 触发角移相器(1 台,MC0505).
6. 稳压电源(±15V)(1 台,MC0201).
7. 电压/电流表(1 块,MC2004).
8. 万用表(1 块).
9. 示波器(1 台).
10. 导线和短接桥(若干).

四、实验步骤

1. 按实验线路图 4-4(a)和(b)所示接线.采用电阻负载,调整 MC0503 控制板输出频率 $f=500$Hz.

2. 用示波器输出电压的波形.调节输入单元 MC0202,使导通时间 $t_{on}=1000\mu$s,记录下观察到的输出电压波形.

3. 调节输入单元 MC0202,观测导通时间 t_{on} 分别为 200μs、500μs、1500μs、1800μs、2000μs 时输出电压波形的变化,同时用万用表交流电压挡测量输出电压,记入表 4-5 中.

表 4-5 数据表

t_{on}/μs	200	500	1000	1500	1800	2000
输出电压值/V						

五、分析和讨论

1. 计算输出电压理论值,并与测量值进行比较分析.

2. 分析电阻负载时的电流波形.若负载为感性,则电压、电流的波形情况与电阻负载时有何不同?

实验五 单相交流调压电路

一、实验目的

了解交流调压电路的组成、特性和计算方法.

二、实验原理

交流调压是指把有效值一定的交流电压变换成有效值可调的交流电压.电阻性负载的单相交流调压电路如图 4-5 所示,它可由一只双向晶闸管组成,如图 4-5(a)所示,也可以由两只普通晶闸管或 GTR 等其他全控器件并联组成,如图 4-5(b)所示.

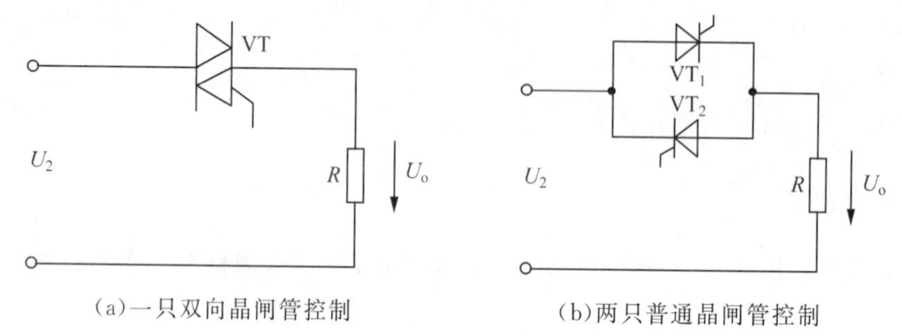

(a)一只双向晶闸管控制　　(b)两只普通晶闸管控制

图 4-5　电路模型

实验采用两只普通晶闸管控制的单相交流调压电路,如图 4-6 所示.

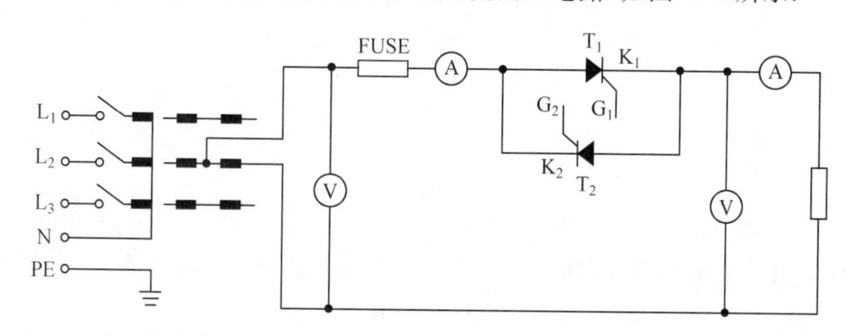

(a) 主回路

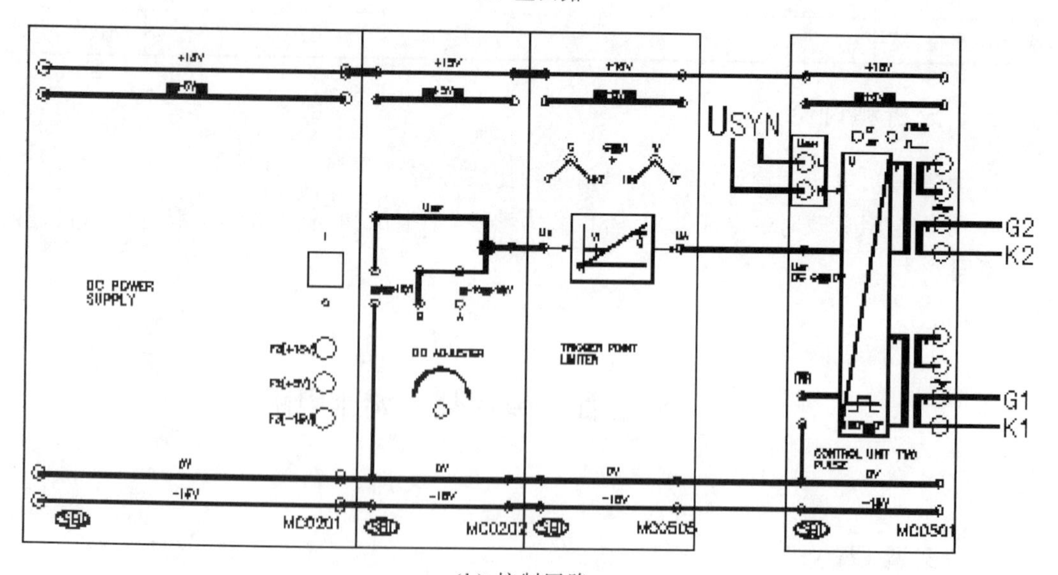

(b) 控制回路

图 4-6　单相交流调压电路

对于电阻性负载，输出电压有效值

$$U_o=\sqrt{\frac{1}{\pi}\int_{\alpha}^{\pi}(\sqrt{2}U_2\sin\omega t)^2\mathrm{d}(\omega t)}=U_2\sqrt{\frac{1}{2\pi}\sin2\alpha+\frac{\pi-\alpha}{\pi}}$$

输出电流有效值

$$I=\frac{U_o}{R}=\frac{U_2}{R}\sqrt{\frac{1}{2\pi}\sin2\alpha+\frac{\pi-\alpha}{\pi}}$$

电路功率因数

$$\cos\varphi=\frac{P}{S}=\frac{U_oI}{UI}=\frac{U_o}{U}=\sqrt{\frac{2(\pi-\alpha)+\sin2\alpha}{2\pi}}$$

三、实验仪器

1. 变压器 45V/90V 3N(1 台，MC0101).
2. 保险丝(1 个，MC0401).
3. 可控硅(1 个，MC0309D).
4. 负载板(1 块，MC0602 或 MC0604).
5. 两脉冲控制单元(1 个，MC0501).
6. 输入单元(1 个，MC0202).
7. 稳压电源(±15V)(1 台，MC0201).
8. 电压/电流表(1 台，MC2004).
9. 示波器(1 台).
10. 万用表(1 块).
11. 导线和短接桥(若干).

四、实验步骤

1. 根据图 4-6 所示连接线路，注意主回路和控制回路交流供电电源必须同步. 将各实验模块连接好，取 $U_2=45$V 挡的交流电为输入电压，采用电阻负载.

2. 用示波器观察并记录输入交流电压的波形；用万用表实测输入电压 $U_2=$____V.

3. 调节可控硅触发角，用示波器观察控制角分别为 0°、30°、60°、90°、120°、150°和 180°时负载上电压的波形，将控制角 $\alpha=30°$时的波形记录下来；测量并记录不同控制角时，负载电压的大小，将测量结果填入表 4-6 中.

表 4-6　数据表

控制角	0°	30°	60°	90°	120°	150°	180°
负载电压/V							

输入电压波形：

负载电压波形：

五、分析和讨论

1. 对记录下来的波形进行描述和分析.
2. 计算输出电压理论值,与测量值进行比较并进行分析.
3. 负载若为电感性,对于触发电路有何要求？输出电压和输出电流波形如何？

实验六　直流斩波电路

一、实验目的

1. 了解由 MOSFET 场效应管、IGBT 绝缘栅双极晶体管等全控型电力电子器件构成的直流斩波电路的结构、特性及参数计算方法.

2. 熟悉降压式、升压式、升降压式直流斩波器的基本功能,相关的控制特性、负载特性.

二、实验原理

直流斩波器(DC Chopper)又称为截波器,它是将某一直流电压变换为另一固定直流电压或大小可调的直流电压的电路,是一种直流变直流的转换器(DC to DC Converter).它广泛地应用于可控直流开关电源、直流电动机速度控制、焊接电源等.

1. 降压式(Buck)直流斩波器.

若斩波器的输出电压较输入电压低,则称其为降压式(Buck)直流斩波器,主要用于直流可调电源和直流电动机驱动中.如图 4-7(a)所示为降压式直流斩波器基本电路图,图(b)所示为负载电压波形,可看出当直流斩波器导通时(t_{on}),负载端电压 U_o 等于电源电压 U_S,当直流斩波器截止时(t_{off}),负载端电压 U_o 为 0,如此适当地控制直流斩波器可使直流电源断续地出现在负载侧,只要控制直流斩波器的导通时间,即可改变负载的平均电压.

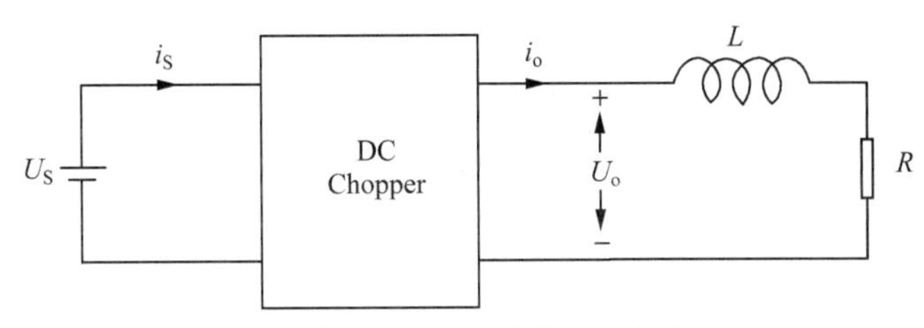

(a) 降压式直流斩波器基本电路

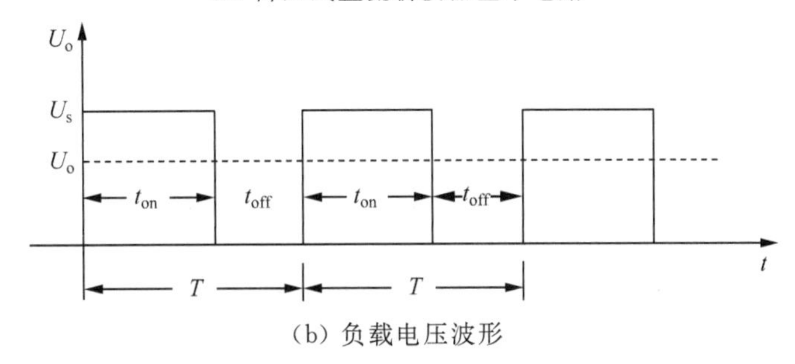

(b) 负载电压波形

图 4-7　降压式直流斩波器基本原理

由图 4-7(b)可看出输出电压的峰值等于电源电压 U_S,而输出电压的平均值 U_o 随 t_{on}和 T 的改变而改变.最常见的改变方式有以下三种.

(1) 周期 T 固定,导通时间 t_{on}改变,称为脉波宽度调变(Pulse Width Modulation, PWM).

(2) 导通时间 t_{on}固定,周期 T 改变,称为频率调变(Frequency Modulation, FM).

(3) 周期 T 及导通时间 t_{on}同时改变,为波宽调变及频率调变混合使用.

在实际应用中,因常须在直流斩波器负载端接上滤波电感及滤波电容,若频率改变过大对电感及电容影响大,因此多数采用脉波宽度调变.

MOSFET 场效应管的优点是具有较好的开关特点,以致能工作在数十千赫兹的频率上,所以它特别适用于描绘在小功率场合的各种直流斩波器的控制过程及基本工作方式.采用 MOSFET 的降压式斩波器电路如图 4-8 所示.

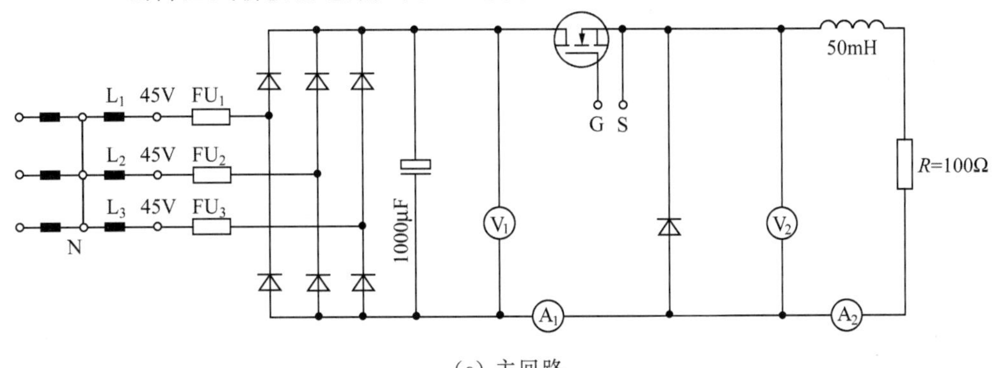

(a) 主回路

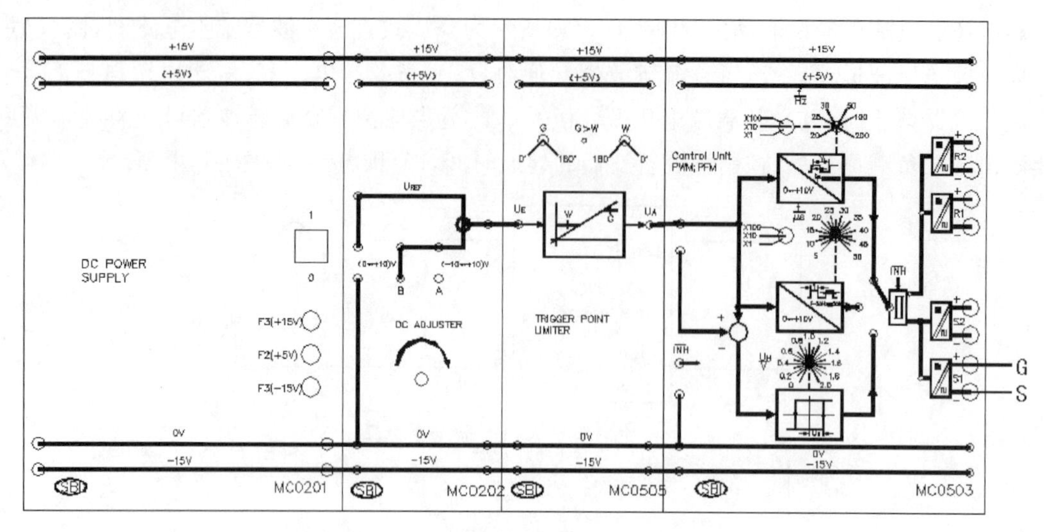

(b) 控制回路

图 4-8 采用 MOSFET 的降压式斩波器电路

图 4-8(a)中电压表 V_2 和 V_1 分别测得输出电压 U_o 和输入电压 U_S,则

$$U_o=\frac{t_{on}}{t_{on}+t_{off}}U_S=\frac{t_{on}}{T}U_S=kU_S, k\text{ 称为占空比}$$

2. 升压式(Boost) 直流斩波器.

若斩波器输出电压较输入电压高,则称其为升压式(Boost) 直流斩波器,常用于直流电动机的再生制动,也用于单相功率因数校正电路及其他直流电源中.采用 MOSFET 的升压式斩波器电路如图 4-9 所示.

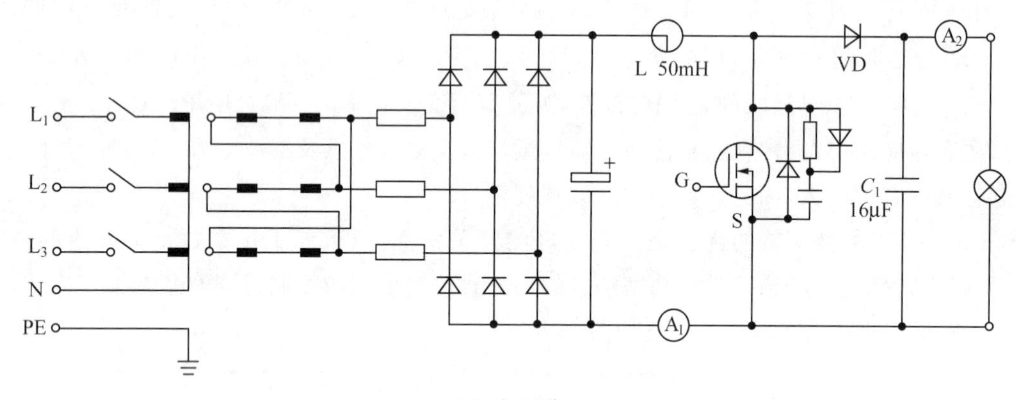

(a) 主回路

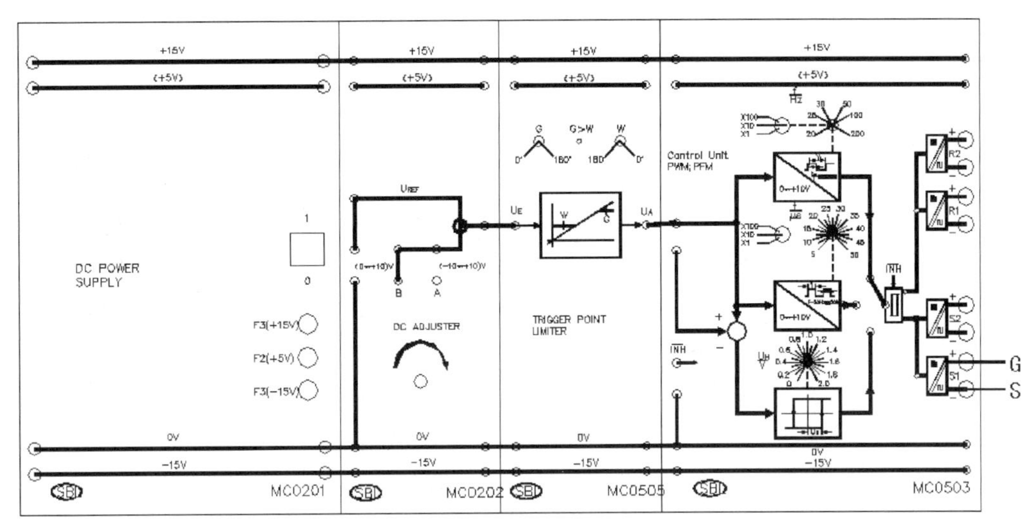

(b) 控制回路

图 4-9　采用 MOSFET 的升压式斩波器电路

图 4-9(a)中输入电压 U_S 即整流滤波后的电压,输出电压 U_o 为 C_1 两端的电压,则

$$U_o=\frac{t_{on}+t_{off}}{t_{off}}U_S=\frac{T}{t_{off}}U_S$$

因$\frac{T}{t_{off}}\geqslant 1$,输出电压 U_o 高于输入电压 U_S,故该电路称为升压式直流变换电路. $\frac{T}{t_{off}}$称为升压比,而将$\frac{t_{off}}{T}$记为β.

3. 升降压式(Buck-Boost)直流斩波器.

升降压式直流电压变换电路是由降压式和升压式两种基本变换电路混合串联而成的,主要用于可调直流电源. 由 IGBT 构成的升降压式直流斩波器电路如图 4-10 所示.

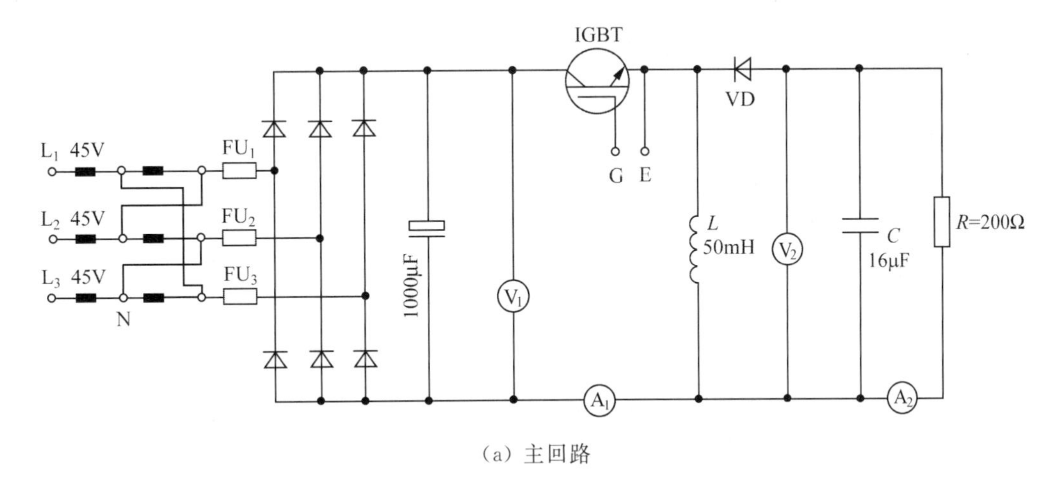

(a) 主回路

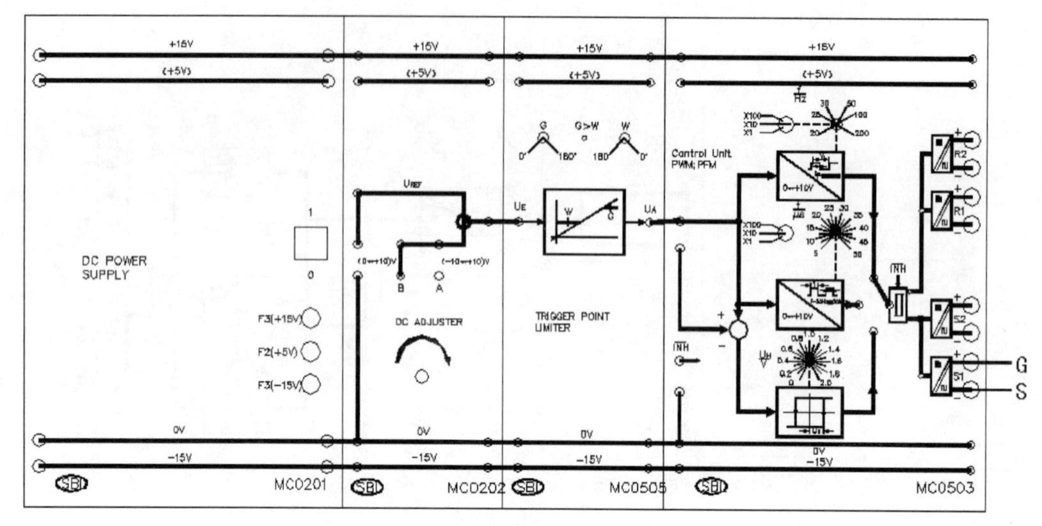

(b) 控制回路

图 4-10 采用 IGBT 的升降压式斩波器电路

该电路的基本工作原理是:当斩波开关 IGBT 处于通态时,电源经 IGBT 向电感 L 供电使其存储能量,VD 处于阻断状态;当 IGBT 关断时,VD 导通,电感 L 存储的能量向电容 C 和 R 释放.可见负载电压极性为上负下正,与电源电压极性相反,与前面介绍的降压直流电压变换电路和升压直流电压变换电路的情况正好相反,因此该电路称为反极性直流电压变换电路.输出电压为

$$U_{\mathrm{o}}=\frac{t_{\mathrm{on}}}{t_{\mathrm{off}}}U_{\mathrm{S}}=\frac{t_{\mathrm{on}}}{T-t_{\mathrm{on}}}U_{\mathrm{S}}=\frac{k}{1-k}U_{\mathrm{S}}$$

若改变占空比 k,则输出电压既可以比电源电压高,也可以比电源电压低.当 $0<k<1/2$ 时为降压,当 $1/2<k<0$ 时为升压,因此将该电路称作升降压直流电压变换电路.

三、实验仪器

1. 变压器 45V/90V 3N(1 台,MC0101).
2. 三相整流器带电容(1 个,MC0311).
3. MOSFET(1 个,MC2018C).
4. IGBT(1 个,MC0304).
5. 保险丝(1 个,MC0401).
6. 负载 $R/L/C$(1 个,MC0604).
7. 硅二极管(1 个,MC0301).
8. 负载板(1 块,MC0603).
9. PWM/PFM/ZPR 控制板(1 块,MC0503).
10. 输入单元(1 个,MC0202).
11. 触发角移相器(1 台,MC0505).
12. 稳压电源(±15V)(1 台,MC0201).
13. 电压/电流表(1 块,MC2004).

14. 示波器(1台).

15. 万用表(1块).

16. 导线和短接桥(若干).

四、实验步骤

1. 降压式斩波电路.

(1) 按图4-8所示连接线路,检查线路无误后,合上控制回路的稳压电源开关,给控制板通电,用示波器测试脉宽调制器的输出电压,调节控制板,使斩波器频率 $f=500\text{Hz}$. 调节触发角移相器MC0505的G和W电位器,使脉宽调制器的输出脉冲死区控制在15%左右,此处MOSFET只用脉冲S1端控制即可.

(2) 合上主回路电源,用万用表实测输入电压 $U_S=$________V.

(3) 在示波器上观察输出电压 U_o. 通过输入单元的调节,改变 t_{on},测取不同 t_{on} 时的输出电压,填入表4-7中.

表4-7　数据表

$t_{on}/\mu s$	U_o/V	
	测量值	计算值
1800		
1500		
1000		
500		
250		
100		

(4) 记录 $t_{on}=1500\mu s$ 时的输出电压波形.

2. 升压式斩波电路.

(1) 按图4-9所示连接线路,检查线路无误后,合上控制回路的稳压电源开关,给控制板通电,用示波器测试脉宽调制器的输出电压,调节控制板,使斩波器频率 $f=500\text{Hz}$. 调节触发角移相器MC0505的G和W电位器,使脉宽调制器的输出脉冲死区控制在15%左右,此处MOSFET只用脉冲S1端控制即可.

(2) 调节控制电压 $U_C=0$,负载接白炽灯,合上主回路电源,观察直流输入电压 $U_S=$______V.

（3）调节 MC0202 模块上的给定电压电位器，监测电流表电流不能超过 1A，用示波器观察 k 从 100%～15%变化时输出电压的波形.

（4）关闭电源，调节 U_C 使输出电流为 0.2A. 改变 U_C，分别测量 k 为 90%、80%、70%、60%、50%时的输出电压，填入表 4-8 中.

表 4-8　数据表

k	β	升压比	U_o/V	
			测量值	计算值
90%				
80%				
70%				
60%				
50%				

3. 升降压式斩波电路.

（1）按图 4-10 所示连接线路，变压器采用三角形接法，以输出 60V 交流电源电压. 输入单元输出端与脉宽调制器输入相连.

（2）检查线路无误后，合上控制回路的稳压电源开关，给控制板通电，用示波器测试脉宽调制器的输出电压，尽可能精确地在控制板上把斩波器频率调整在 $f=500$Hz 上. 再调节触发角移相器 MC0505 的 G 和 W 电位器，使脉宽调制器的输出脉冲死区控制在 15%左右，此处 IGBT 只用脉冲 S1 端控制即可.

（3）调节控制电压 $U_C=0$，负载接白炽灯，合上主回路电源，观察直流输入电压 $U_S=$ ______V.

（4）慢慢增大给定电压 U_{set} 使 $t_{on}=1200\mu s$，用示波器观察输出电压波形.

（5）调节给定电压 U_{set}，测量电压、电流值，填入表 4-9 中.

表 4-9　数据表

$t_{on}/\mu s$	U_o/V	I_o/A	U_S/V
1900			
1600			
1300			
1000			
700			
400			
100			

五、分析和讨论

1. 对记录下来的波形进行描述和分析.
2. 计算输出电压理论值，与测量值进行比较并进行分析.

项目五　传感器技术

实验一　电阻式传感器

一、实验目的

了解金属箔式应变片、单臂单桥的工作原理和工作情况.

二、实验仪器

1. 直流稳压电源.
2. 电桥.
3. 差动放大器.
4. 双平行梁测微头.
5. 一片应变片.
6. F/V 表.
7. 主、副电源.

有关旋钮的初始位置:直流稳压电源置于±2V 挡,F/V 表置于 2V 挡,差动放大增益置于最大.

三、实验步骤

1. 了解所需单元及部件在实验仪上的位置,观察梁上的应变片.应变片为棕色衬底箔式结构小方薄片.上下两片梁的外表面各贴两片受力应变片和一片补偿应变片,测微头在双平行梁前面的支座上,可以上、下、前、后、左、右调节.

2. 将差动放大器调零,用连线将差动放大器的正(+)、负(−)、地短接.将差动放大器的输出端与 F/V 表的输入插口 V_i 相连;开启主、副电源;调节差动放大器的增益到最大位置,然后调整差动放大器的调零旋钮使 F/V 表显示为零,关闭主、副电源.

根据图 5-1 所示接线,R_1、R_2、R_3 为电桥单元的固定电阻,R_x 为应变片.将稳压电源的切换开关置±4V 挡,F/V 表置 20V 挡.调节测微头脱离双平行梁,开启主、副电源,调节电

桥平衡网络中的 W_1，使 F/V 表显示为零，然后将 F/V 表置 2V 挡，再调电桥 W_1（慢慢地调），使 F/V 表显示为零.

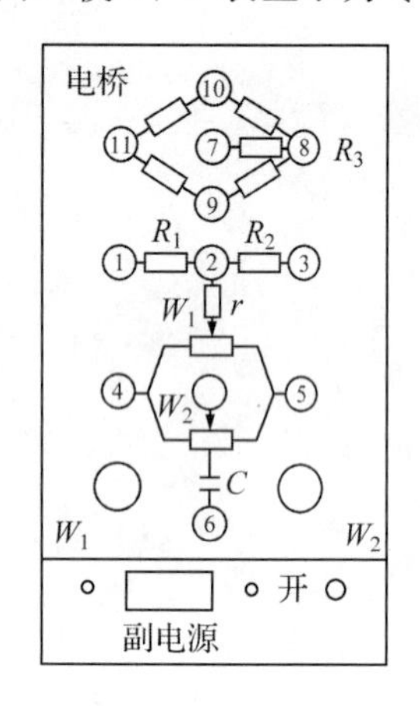

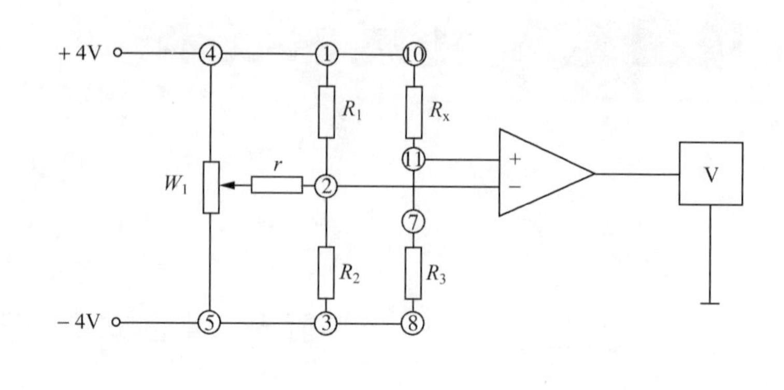

图 5-1 电路图

3. 将测微头转动到 10mm 刻度附近，安装到双平行梁的自由端（与自由端磁钢吸合），调节测微头支柱的高度（梁的自由端跟随变化）使 F/V 表显示最小，再旋动测微头，使 F/V 表显示为零（细调零），这时的测微头刻度为零位的相应刻度.

4. 往下或往上旋动测微头，使梁的自由端产生位移，记下 F/V 表显示的值. 建议每旋动测微头一周即 $\Delta X=0.5$mm 记一个数值，并填入表 5-1 中.

表 5-1 数据表

位移/mm					
电压/mV					

据所得结果计算灵敏度 $S=\Delta V/\Delta X$（式中 ΔX 为梁的自由端位移变化，ΔV 为相应 F/V 表显示的电压相应变化）.

5. 实验完毕，关闭主、副电源，将所有旋钮转到初始位置.

四、注意事项

1. 电桥上端虚线所示的四个电阻实际上并不存在，仅作为一标记，让学生组桥容易.

2. 为确保实验过程中输出指示不溢出，可先将砝码加至最大，如指示溢出，适当减小差动放大增益，此时差动放大器不必重调零.

3. 做此实验时应将低频振荡器的幅度关至最小，以减小其对直流电桥的影响.

4. 电位器 W_1、W_2 在有的型号仪器中标为 RD、RA.

五、思考题

本实验电路对直流稳压电源和放大器有何要求？

实验二　电感式传感器

一、实验目的

了解差动变压器测量系统的组成和标定方法.

二、实验仪器

1. 音频振荡器.
2. 差动放大器.
3. 差动变压器.
4. 移相器.
5. 相敏检波器.
6. 低通滤波器.
7. 测微头.
8. 电桥.
9. F/V 表.
10. 示波器.
11. 主副电源.

有关旋钮的初始位置:音频振荡置于 4～8kHz,差动放大器的增益置于最大,F/V 表置于 2V 挡,主、副电源关闭.

三、实验步骤

1. 按图 5-2 所示接好线路.

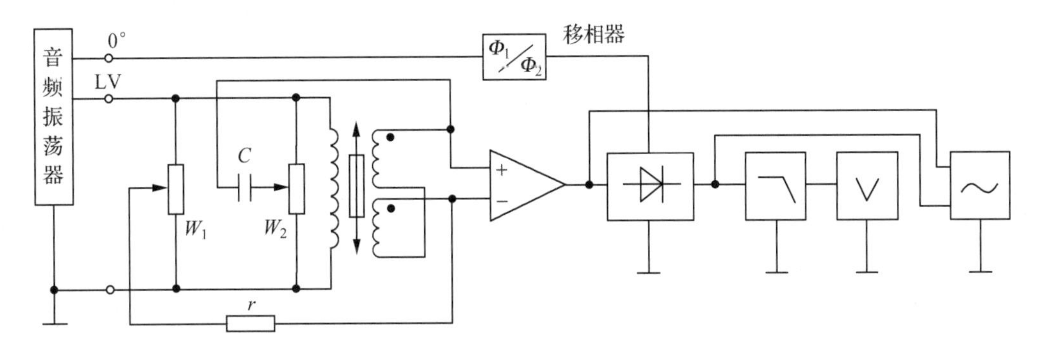

图 5-2　电路图

2. 装上测微头,上下调整使差动变压器铁芯处于线圈的中段位置.
3. 开启主、副电源,利用示波器,调整音频振荡器幅度旋钮,使激励电压峰峰值为 2V.

4. 利用示波器和电压表,调整各调零及平衡电位器,使电压表指示为零.

5. 给梁一个较大的位移,调整移相器,使电压表指示为最大,同时可用示波器观察相敏检波器的输出波形.

6. 旋转测微头,每隔0.1mm读数,记录实验数据,填入表5-2中,作出V-X曲线,并求出灵敏度.

表5-2 数据表

X/mm					
V/mV					

四、注意事项

如果接着做下一个实验,则各旋钮及接线不得变动.

实验三 电容式传感器

一、实验目的

了解差动变面积式电容传感器的原理及其特性.

二、实验仪器

1. 电容传感器.
2. 电压放大器.
3. 低通滤波器.
4. F/V表.
5. 激振器.
6. 示波器.

有关旋钮的初始位置:差动放大器增益旋钮置于中间,F/V表置于V表2V挡.

三、实验步骤

1. 按图5-3所示接线.

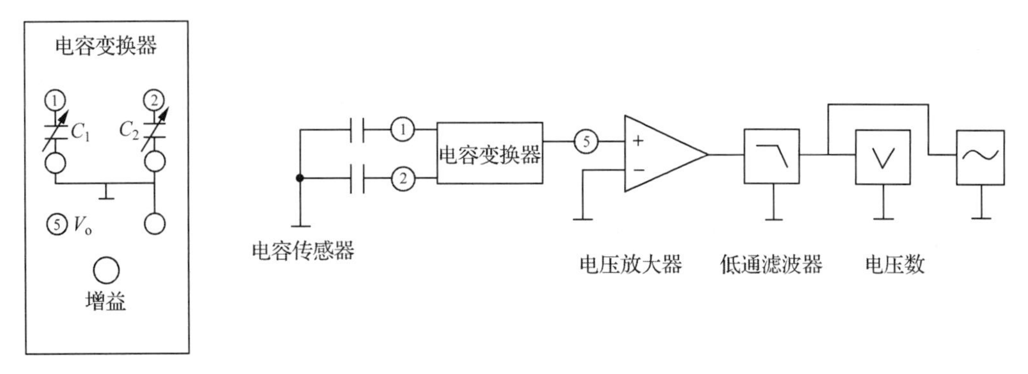

图 5-3　电路图

2. 将 F/V 表打到 20V,调节测微头,使输出为零.

3. 转动测微头,每次 0.1mm,记下此时测微头的读数及电压表的读数,填入表 5-3 中,直至电容动片与上(或下)静片覆盖面积最大为止.

表 5-3　数据表

X/mm				
V/mV				

4. 将测微头退回至初始位置,并开始以相反方向旋动.同上法,记下 X(mm)及 V(mV)值,填入表 5-4 中.

表 5-4　数据表

X/mm				
V/mV				

5. 计算系统灵敏度 S. $S=\Delta V/\Delta X$(式中 ΔV 为电压变化,ΔX 为相应的梁端位移变化),并作出 V-X 关系曲线.

卸下测微头,断开电压表,接通激振器,用示波器观察输出波形.

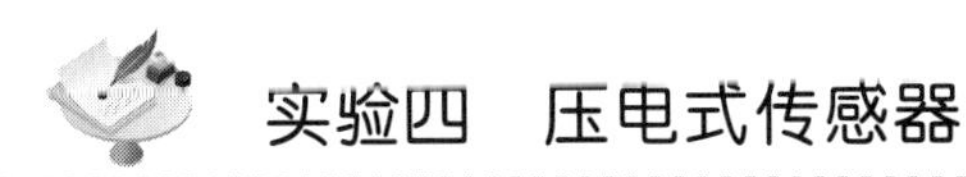

实验四　压电式传感器

一、实验目的

了解压电加速度计的结构、原理和应用.

二、实验原理

压电式传感器是一种典型的有源传感器(发电型传感器).压电传感元件是力敏感元件,在压力、应力、加速度等外力作用下,在电介质表面产生电荷,从而实现非电量的电测.

三、实验仪器

1. 压电式传感器.
2. 电荷放大器(电压放大器).
3. 低频振荡器.
4. 激振器.
5. 电压/频率表.
6. 示波器.

四、实验步骤

1. 观察了解压电式加速度传感器的结构,即其由双压电陶瓷晶片、惯性质量块、压簧、引出电极组装于塑料外壳中.

2. 按图 5-4 所示接线,低频振荡器输出接"激振Ⅱ"端,开启电源,调节振动频率与振幅,用示波器观察低通滤波器输出波形.

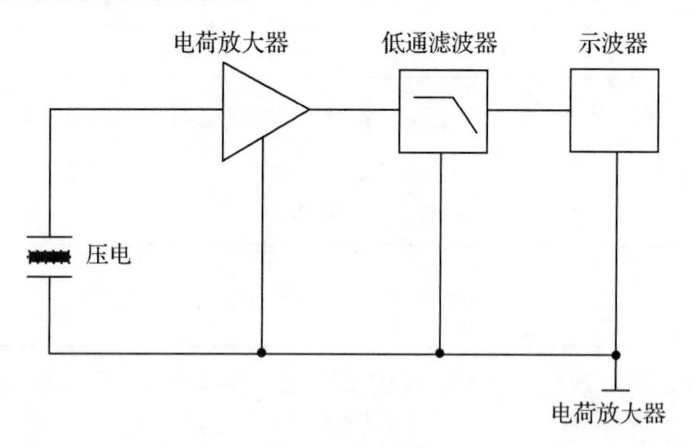

图 5-4 电路图

3. 当悬臂梁处于谐振状态时振幅最大,此时示波器所观察到波形的 $V_{p\text{-}p}$ 也最大,由此可以得出结论:压电加速度传感器是一种对外力作用敏感的传感器.

五、注意事项

做此实验时,悬臂梁振动频率不能过低,否则电荷放大器将无输出.

实验五 霍尔传感器

一、实验目的

了解霍尔式传感器的原理与特性.

二、实验仪器

1. 霍尔片.
2. 磁路系统.
3. 电桥.
4. 差动放大器.
5. F/V 表.
6. 直流稳压电源.
7. 测微头.
8. 振动平台.
9. 主、副电源.

有关的旋钮初始位置:差动放大器增益旋钮置于最小,电压表置于 20V 挡,直流稳压电源置于 2V 挡,主、副电源关闭.

三、实验步骤

1. 了解霍尔式传感器的结构及在实验仪上的安装位置,熟悉实验面板上霍尔片的符号.霍尔片安装在实验仪的振动圆盘上,两个半圆永久磁钢固定在实验仪的顶板上,二者组合成霍尔传感器.

2. 开启主、副电源将差动放大器调零后,增益置最小,关闭主电源,根据图 5-5 所示接线,W_1、r 为电桥单元的直流电桥平衡网络.

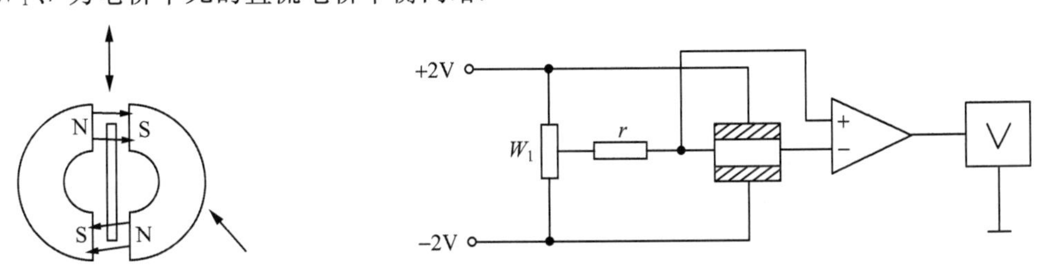

图 5-5 电路图

3. 装好测微头,调节测微头与振动台吸合并使霍尔片置于半圆磁钢上下方向正中位置.

4. 开启主、副电源，调整 W_1 使电压表指示为零. 上下旋动测微头，记下电压表的读数，建议每 0.1mm 读一个数，将读数填入表 5-5 中.

表 5-5 数据表

X/mm				
V/V				
X/mm				
V/V				

5. 作出 V-X 曲线，指出线性范围，求出灵敏度，关闭主、副电源.

可见，本实验测出的实际上是磁场情况，磁场分布为梯度磁场，位移测量的线性度、灵敏度与磁场分布有很大关系.

6. 实验完毕后关闭主、副电源，各旋钮置初始位置.

四、注意事项

1. 由于磁路系统的气隙较大，应使霍尔片尽量靠近极靴，以提高灵敏度.
2. 一旦调整好后，测量过程中不能移动磁路系统.
3. 激励电压不能过大，以免损坏霍尔片.

实验六 热电式传感器

一、实验目的

了解热电偶的原理及现象.

二、实验仪器

1. −15V 不可调直流稳压电源.
2. 差动放大器.
3. F/V 表.
4. 加热器.
5. 热电偶.
6. 水银温度计(自备).
7. 主、副电源.

有关旋钮的初始位置：F/V 表切换开关置于 2V 挡，差动放大器置于增益最大.

三、实验步骤

1. 了解热电偶原理:两种不同的金属导体互相焊接成闭合回路时,当两个接点温度不同时回路中就会产生电流,这一现象称为热电效应,产生电流的电动势叫作热电势.通常把两种不同金属的这种组合称为热电偶.具体热电偶原理参考教科书.

2. 了解热电偶在实验仪上的位置及符号,实验仪所配的热电偶是由铜-康铜构成的简易热电偶,分度号为T.实验仪有两个热电偶,它封装在双平行梁的上片梁的上表面(在梁表面中间两根细金属丝焊成的一点,就是热电偶)和下片梁的下表面,两个热电偶串联在一起产生的热电势为二者热电势的总和.

3. 按图5-6所示接线,开启主、副电源,调节差动放大器调零旋钮,使F/V表显示零,记录下自备温度计的室温.

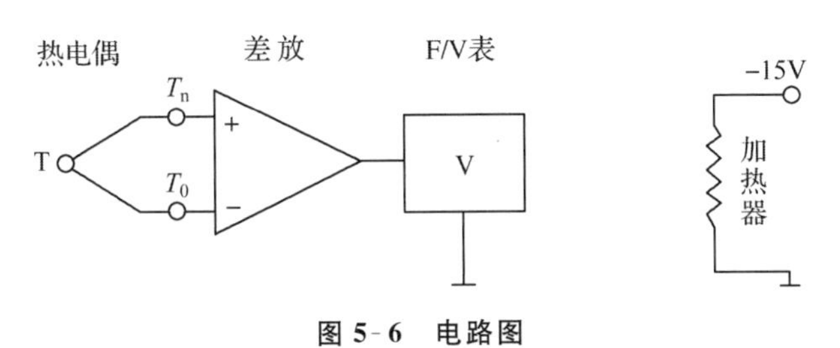

图5-6　电路图

4. 将-15V直流电源接入加热器的一端,加热器的另一端接地,观察F/V表显示值的变化,待显示值稳定不变时记录下F/V表显示的读数E.

5. 用自备的温度计测出上梁表面热电偶处的温度t并记录下来.(注意:温度计的测温探头不要触到应变片,只要触及热电偶附近的梁体即可)

6. 热电偶的热电势与温度之间的关系式为

$$E_{ab}(t,T_0)=E_{ab}(t,T_n)+E_{ab}(T_n,T_0)$$

其中:t——热电偶的热端(工作端或称测温端)温度;

T_n——热电偶的冷端(自由端,即热电势输出端)温度,也就是室温;

T_0——0℃.

热端温度为t、冷端温度为室温时热电势$E_{ab}(t,T_n)=$(F/V表显示E)$/100\times2$(100为差动放大器的放大倍数,2表示两个热电偶串联).

热端温度为室温、冷端温度为0℃时,铜-康铜的热电势$E_{ab}(T_n,T_0)$可通过查热电偶自由端为0℃时的热电势和温度的关系即铜-康铜热电偶分度表得到.

计算热端温度为t、冷端温度为0℃时的热电势$E_{ab}(t,T_0)$,根据计算结果,查分度表得到温度t.

7. 将热电偶测得温度值与自备温度计测得温度值相比较.(注意:本实验仪所配的热电偶为简易热电偶,并非标准热电偶,只要了解热电势现象即可)

8. 实验完毕,关闭主、副电源,尤其是加热器-15V电源(自备温度计测出温度后马上拆去-15V电源连接线),其他旋钮置原始位置.

四、思考题

1. 为什么差动放大器接入热电偶后须再调节差动放大器零点?
2. 即使采用标准热电偶按本实验方法测量温度也会有很大误差,为什么?

实验七 光电传感器

一、实验目的

了解光电式传感器的测速运用.

二、实验仪器

1. 电机控制.
2. 差动放大器.
3. 小电机.
4. F/V 表.
5. 光电式传感器.
6. 直流稳压电源.
7. 主、副电源.
8. 示波器.

三、实验步骤

1. 了解电机控制,了解小电机(小电机端面上贴有反射面)在实验仪上的位置,知道小电机安装在传感器的平台上.

2. 按图 5-7 所示接线,将差动放大器的增益置于最大,F/V 表的切换开关置于 2V,开启主、副电源.

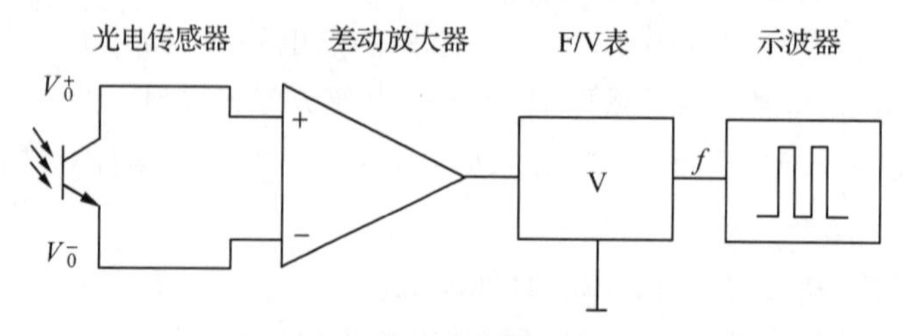

图 5-7 电路图

3. 将探头移至电机上方,对准电机上的反光面(白的小圆圈),调节光电传感器的高度,使 F/V 表显示最大.再用手稍转动电机,让反光面避开光电探头.调节差动放大器的调零,使 F/V 表显示接近零.

4. 将直流稳压电源置于±10V 挡,在电机控制单元的 V+处接入+10V 电压,调节转速旋钮使电机运转.

5. 将 F/V 表置于 2k 挡显示频率,用示波器观察输出端转速脉冲信号的频率 f.($V_{p-p}=4V$).

6. 将实验数据记入表 5-6 中,根据脉冲信号的频率及电机上反光片的数目换算出此时的电机转速.即

$$r=f/n$$

表 5-6 数据表

反光片 n					
电机转速 r					
脉冲信号的频率 f					

7. 实验完毕关闭主、副电源,拆除接线,把所有旋钮复原.

四、注意事项

如示波器上观察不到脉冲波形而实验步骤 2 又正常,请调整探头与电机间的距离,同时检查一下示波器的输入衰减开关位置是否合适(建议使用不带衰减的探头).

实验八 光纤传感器

一、实验目的

了解光纤位移传感器的原理、结构和性能.

二、实验仪器

1. 主、副电源.
2. 差动放大器.
3. F/V 表.
4. 光纤传感器.
5. 振动台.

三、实验步骤

1. 观察光纤位移传感器结构,知道它由两束光纤混合后,组成 Y 形光纤,探头固定在 Z

型安装架上，外表为螺丝的端面，为半圆分布.

2. 了解振动台在实验仪上的位置，知道其在实验仪台面上右边的圆盘处，在振动台上贴有反射纸作为光的反射面.

3. 按图 5-8 所示接线，因光/电转换器内部已安装好，所以可将电信号直接经差动放大器放大. F/V 显示表的切换开关置于 2V 挡，开启主、副电源.

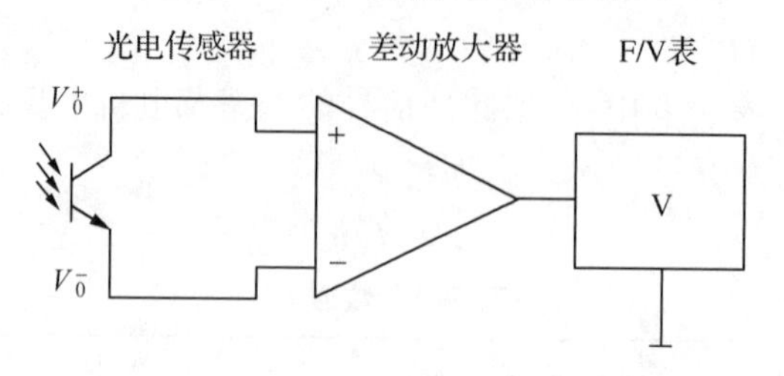

图 5-8　电路图

4. 旋转测微头，使光纤探头与振动台面接触，调节差动放大器使增益最大，调节差动放大器零位旋钮使电压表读数尽量为零，旋转测微头使贴有反射纸的被测体慢慢离开探头，观察电压读数由小到大再到小的变化.

5. 旋转测微头使 F/V 电压表指示重新回零；旋转测微头，每隔 0.05mm 读出电压表的读数，并将其填入表 5-7 中.

表 5-7　数据表

ΔX/mm	0.05	0.10	0.15	0.20		10.00
指示/V						

6. 关闭主、副电源，把所有旋钮复原到初始位置.

7. 作出 V-ΔX 曲线，计算灵敏度 $S=\Delta V/\Delta X$ 及线性范围.

项目六　电子测量技术

实验一　电压表内阻测量

一、实验仪器

1. 直流电压表(0～15V 挡,$R_{in}=1\text{M}\Omega$).
2. 可调直流电压源(10～20V).
3. 多功能网络实验单元(K,$R_1=500\text{k}\Omega$,0.5%).

二、实验原理

为了较准确地测量出电路中实际的电压,首先必须保证电压表接入电路后不会改变被测电路原来的状态,这就要求电压表的内阻无限大.实际使用的电压表一般都不可能满足上述要求,当电压表接入电路时都会使电路原来状态产生变化,使被测量的读数值与电路原来实际值之间产生测量方法引入的测量误差.

测量误差的大小与仪表内阻大小密切相关,因此在测量前熟悉所使用的电压表的内电阻对提高测量结果的准确度有重要意义.

测量电压表的内电阻可采用分压法,利用已知阻值的精密电阻,推算出被测仪表的内阻.

三、实验步骤

按图 6-1 所示接线.

1. 合上 K,调节 E,使电压表 V 满标.
2. 打开 K,接入 R_1、R_2,记录电压表 V 的读数 U.
3. 由 $U/E=R_x/(R_x+R_1+R_2)$ 计算 R_x(R_x 为电压表内阻).

结果:R_x 为 1MΩ 左右.

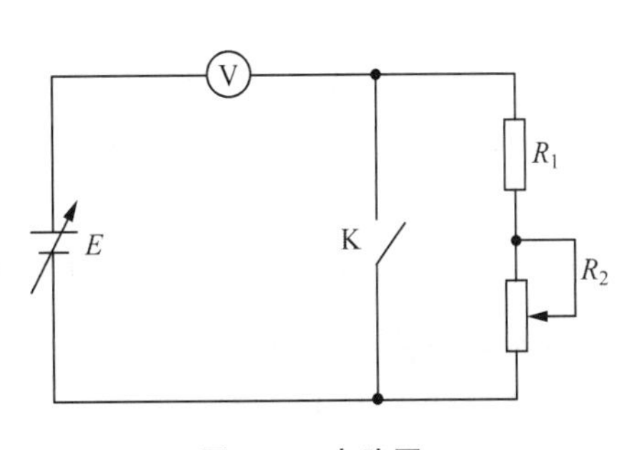

图 6-1　电路图

四、实验数据

将实验数据填入表 6-1 中.

表 6-1　电压表内阻测量数据表

被测电压表量限	K 闭合时电压表读数	K 打开时电压表读数	R_1/kΩ	R_2/kΩ	计算得 R_x/kΩ
直流电压表 20V					

实验二　电流表内阻测量

一、实验仪器

1. 直流微安表(20mA 挡,$R_{in}=5\Omega$).
2. 可调直流电流源(0～50mA 挡).
3. 多功能实验网络单元(K,$R_1=20\Omega$,0.5%).
4. 可变电阻箱单元.

二、实验原理

为了较准确地测量出电路中实际的电流,首先必须保证电流表接入电路后不会改变被测电路原来的状态,这就要求电流表的内阻无限小.实际使用的电流表一般都不可能满足上述要求,当电流表接入电路时都会使电路原来的状态产生变化,使被测量的读数值与电路原来实际值之间产生测量方法引入的测量误差.

测量误差的大小与仪表内阻大小密切相关,因此在测量前熟悉所使用的电流表的内电阻对提高测量结果的准确度有重要意义.

测量电流表的内电阻可采用分流法,利用已知阻值的精密电阻,推算出被测仪表的内阻.

三、实验步骤

按图 6-2 所示接线.

1. 打开 K,调节 I_S,使电流表 A 满量程.

2. 合上 K,调节 R_2,使电流表 A 半量程左右,记下读数 I.

3. 由$(R_1//R_2//R_x)\times 20=I\times R_x$ 计算 R_x(R_x 即为电流表 A 的内阻).

结果:R_x 为 5Ω 左右.

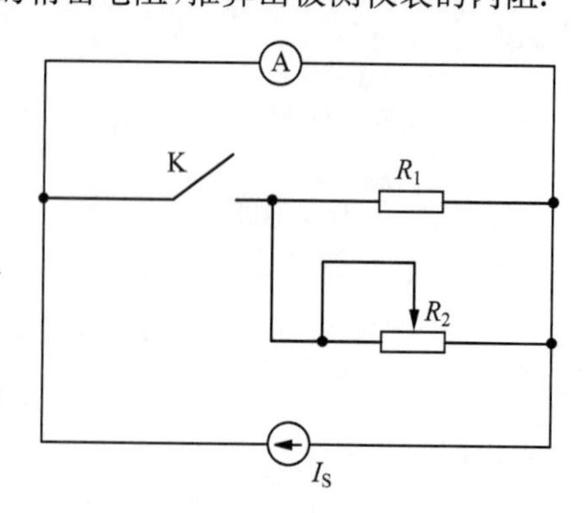

图 6-2　电路图

四、实验数据

将实验数据填入表 6-2 中.

表 6-2 电流表内阻测量数据表

被测电流表量限	K 打开时电流表读数 I_a	K 闭合时电流表读数 I	R_1/kΩ	R_2/kΩ	计算得 R_x/kΩ
直流微安表 20mA					

实验三 仪表内阻引起的测量误差分析

一、实验仪器

1. 直流电压表(5V 挡及 20V 挡,R_{in}=1MΩ).
2. 可调直流电压源(10～20V 挡).
3. 多功能实验网络单元(电阻为 50kΩ,1W,2 只).

二、实验原理

由于测量仪表存在内阻,所以除了仪表本身构造引起的误差(通常称仪表基本误差)外,还必须注意由于仪表内阻不理想而引入的测量误差(一般称为方法误差).

三、实验步骤

按图 6-3 所示接线.

1. 调节 E 为 10V.
2. 监测 R_2 两端电压.

测试结果应为 4.75V 左右.

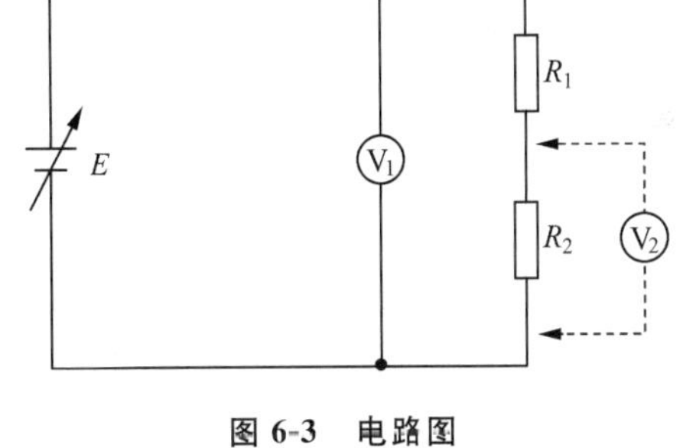

图 6-3 电路图

实验四 利用两次测量减小电压表的测量误差(一)

一、实验仪器

1. 直流电压表(30V,R_{in}=200kΩ;75V,R_{in}=1MΩ).

2. 可调直流电压源(20～30V).

3. 多功能实验网络单元($R_1=50\text{k}\Omega$,0.5%).

4. 数字万用表(200V,$R_{in}=10\text{M}\Omega$).

二、实验步骤

按图 6-4 所示接线.

1. 以 30V 挡测量,调节 E,使电压表 V 显示为 24V,固定电压,此时读数为 U_1.

2. 以 75V 挡测量,读数应为 28.6V 左右,此时读数为 U_2.

(3) 计算公式为 $E=\dfrac{U_1U_2(R_{V2}-R_{V1})}{U_1R_{V2}-U_2R_{V1}}=30\text{V}$.

(4) 以 30V 或 75V 挡测 E 两端电压校验.

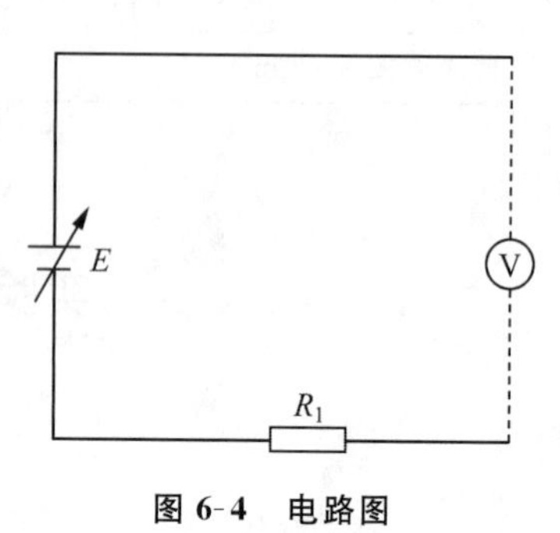

图 6-4 电路图

实验五 利用两次测量减小电压表的测量误差(二)

一、实验仪器

1. 直流电压表(30V,$R_{in}=200\text{k}\Omega$).

2. 可调直流电压源(20～30V).

二、实验原理

当电压表只有一个量限且电压表的内阻较小时,实际工作中可采用一量限两次测量法.具体电路如图 6-5 所示,第一次测量与一般测量并无两样,但第二次测量时必须在电路中串联一个已知阻值的附加电阻.第一次测量读数为 U_1,第二次测量读数为 U_2.

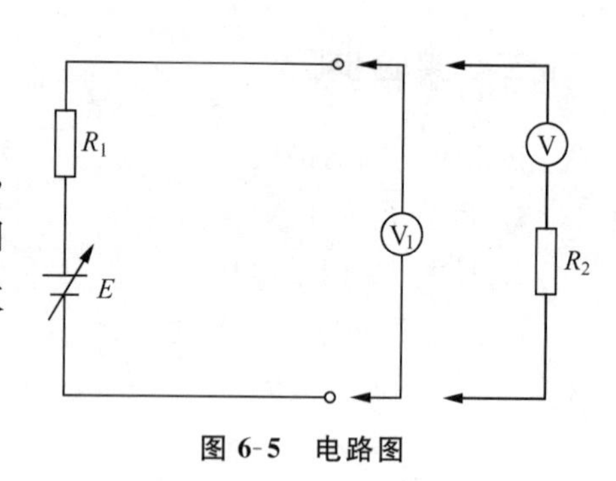

图 6-5 电路图

三、实验步骤

1. 用电压表 30V 挡直接测试,调节 E 读数为 24V,此为 U_1,保持 E 不变.

2. 将电压表与 R_2(50kΩ)串联,测量 U_2.

3. 计算公式为 $E=\dfrac{R_2U_1U_2}{R_1(\text{V}_1-\text{V}_2)}=30\text{V}$,其中,$R_V$ 为电压表内阻;$R_1=50\text{k}\Omega$,为模拟电源内阻;$R_2=50\text{k}\Omega$,为外接已知阻值的附加电阻.

四、实验数据

将实验数据填入表 6-3 中.

表 6-3　单量限电压两次测量法数据表

	两端直接测量的 E	U_1	U_2	计算得 E_1	绝对误差	相对误差
第一次测量值						
第二次测量值						

实验六　利用两次测量减小电流表的测量误差(一)

一、实验仪器

1. 万用表电流挡(20mA,$R_{in}=10\Omega$;200mA,$R_{in}=1\Omega$).
2. 可调直流电压源(0～10V).
3. 多功能实验网络单元($R=20\Omega$,1W,0.5%).

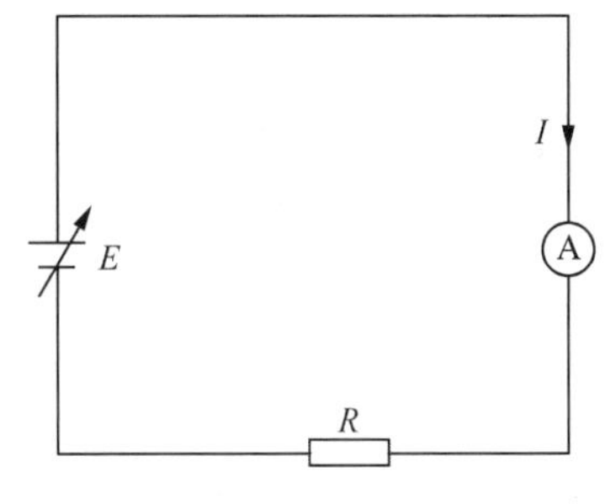

图 6-6　电路图

二、实验步骤

按图 6-6 所示接线.

1. 测试时将电流表置于 20mA 挡,调节 E 使电流表 A 满量程,固定 E 不变,此时读数为 I_1.
2. 将万用表调到 200mA 挡进行测试,此时读数 I_2 应在 28.6mA 左右.
3. 计算公式为 $I=\dfrac{I_1I_2(R_{A1}-R_{A2})}{I_1R_{A1}-I_2R_{A2}}=30\text{mA}$.
4. 将电流表置于 50mA,$R_{in}=0.4\Omega$ 处,进行验证测试.

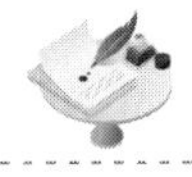

实验七　利用两次测量减小电流表的测量误差(二)

一、实验仪器

1. 万用表电流挡(20mA,$R_{in}=10\Omega$).
2. 可调电压源(0～10V).
3. 多功能实验网络($R=20\Omega$,1W,0.5%,2 只).

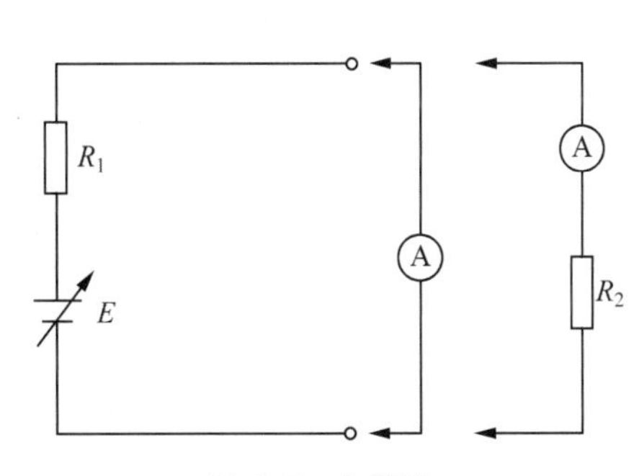

图 6-7　电路图

二、实验原理

当电流表只有一个量限且电流表的内阻较大时，可采用一量限两次测量法. 具体电路如图 6-7 所示. 第一次测量与一般测量并无两样，但第二次测量时必须在电路中串联一个已知阻值的附加电阻. 第一次测量读数为 I_1，第二次测量读数为 I_2.

三、实验步骤

1. 接上电流表，调节 E，$R_1=1000\Omega$ 为模拟电源内阻，使电流表 A 满量程，读数 I_1，保持 E 不变.

2. 将电流表 A 与 $R_2=1000\Omega$ 串联，测取 I_2(约为 12mA).

3. 计算公式为 $I=\dfrac{I_1 I_2 R_2}{I_2(R_A+R_2)-I_1 R_A}=30\text{mA}$，其中，$R_A$ 为电流表内阻，$R_1=1\text{k}\Omega$ 为模拟电源内阻，$R_2=1\text{k}\Omega$ 为外接已知阻值的附加电阻.

四、实验数据

将实验数据填入表 6-4 中.

表 6-4　单量限电流两次测量法数据表

	两端直接测量的 I	I_1	I_2	计算得 I	绝对误差	相对误差
第一次测量值						
第二次测量值						

项目七　高频电子技术

实验一　高频小信号调谐放大器

小信号谐振放大器是通信机接收端的前端电路，主要用于高频小信号或微弱信号的线性放大. 小信号放大电路不仅要放大高频信号，而且还要具有一定的选频作用.

一、实验目的

1. 掌握谐振放大器电压增益、通频带、选择性的定义、测试及计算.
2. 掌握信号源内阻及负载对谐振回路 Q 值的影响.
3. 掌握高频小信号放大器动态范围的测试方法.

二、实验内容

1. 测量小信号放大器的静态工作状态.
2. 用示波器观察放大器输出与偏置及回路并联电阻的关系.
3. 观察放大器输出波形与谐振回路的关系.
4. 观察放大器的幅频特性.
5. 观察放大器的动态范围.

三、实验原理

实验电路如图 7-1 所示. 该电路由晶体管 VT_7、选频回路 CP_2 两部分组成. 该电路不仅能对高频小信号放大，而且还有一定的选频作用. 本实验中输入信号的频率 $f_S=10MHz$. R_{67}、R_{68}和射极电阻决定晶体管的静态工作点. 拨码开关 S_7 改变回路并联电阻，即改变回路 Q 值，从而改变放大器的增益和通频带. 拨码开关 S_8 改变射极电阻，从而改变放大器的增益.

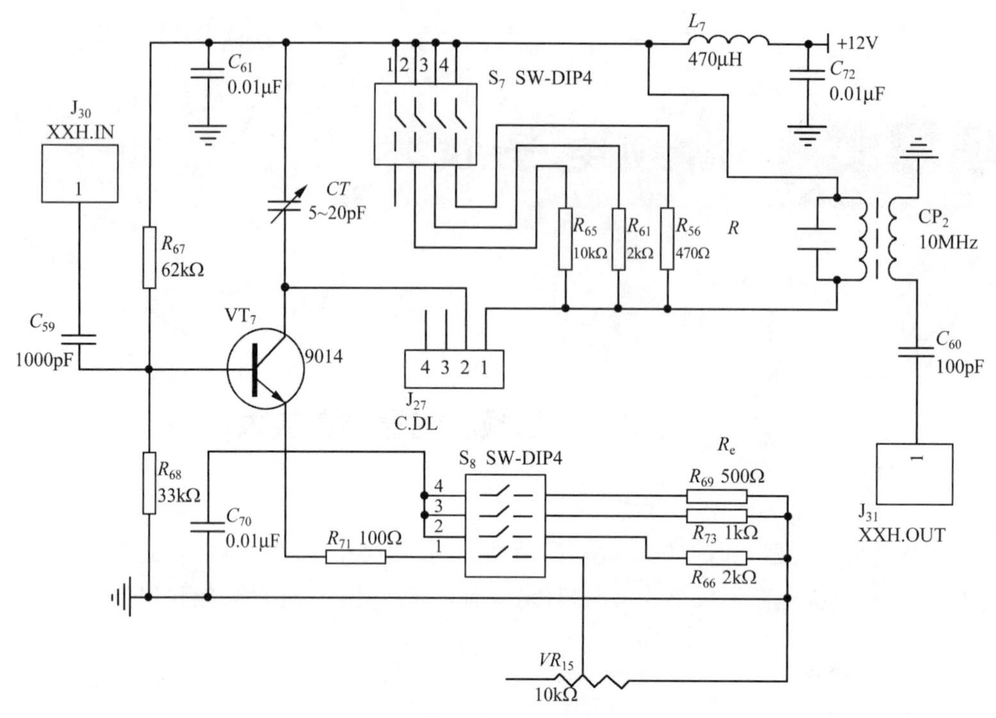

图 7-1　高频小信号放大器电路图

四、实验步骤

熟悉实验板电路和各元件的作用，正确接通实验箱电源.

1. 静态测量.

将开关 S_8 的 2、3、4 分别置于“ON”，开关 S_7 全部置于断开状态，测量对应的静态工作点，测量电流时应将短路插座 J_{27} 断开，用直流电表接在 J_{27} 的 C. DL 两端，记录对应的 I_c 值并填入表 7-1 中. 将开关 S_8 的 1 置于“ON”，调节电位器 VR_{15}，观察电流变化（V_b、V_e 是三极管的基极和发射极的对地电压）.

表 7-1　数据表

	实测					据 V_{ce} 判断 VT_7 是否工作在放大区	
S_8 开关置于“ON”	R_e	V_b	V_e	I_c	V_{ce}	是	否
4	500Ω					是	
3	1kΩ					是	
2	2kΩ						否

2. 动态测试.

（1）将 10MHz 高频小信号（<70mV_{p-p}）输入到“高频小信号放大”模块中的 J_{30}（XXH. IN）.

（2）将示波器接入到该模块中的 J_{31}（XXH. OUT）.

（3）将 J_{27} 处短路块 C. DL 连到下横线处，拨码开关 S_8 必须有一个拨向“ON”，示波器上可观察到已放大的高频信号.

(4) 改变开关 S_8,可观察增益变化,若将 S_8 的 1 拨向"ON",则调整电位器 VR_{15},增益可连续变化.

(5) 将开关 S_8 中的一个置于"ON",改变输出回路中周或半可变电容使增益最大,即保证回路谐振.

(6) 将拨码开关 S_7 逐个拨向"ON",可观察增益变化,该开关改变并联在谐振回路上的电阻,即改变回路 Q 值. 使开关 S_7 处于断开,将开关 S_8 中的 3 拨向"ON",改变输入信号,并将对应值填入表 7-2 中. V_i 的值可根据实测情况确定.

当 R_e 分别为 500Ω、2kΩ 时,重复上述过程,将结果填入表 7-2 中. 在同一坐标纸上画出 I_c 不同时刻的动态范围曲线,并进行比较和分析(此时也可在 J_{27} 两端测 I_c 值).

表 7-2　数据表

输入信号 V_i/V			0.05	0.08	0.1	0.15	0.2	0.3	0.4
输出信号 V_o/V	$S_8=4$	$R_e=500\Omega$							
	$S_8=3$	$R_e=1k\Omega$							
	$S_8=2$	$R_e=2k\Omega$							
增益/dB	$S_8=4$	$R_e=500\Omega$							
	$S_8=3$	$R_e=1k\Omega$							
	$S_8=2$	$R_e=2k\Omega$							

3. 用扫频仪调回路谐振曲线.

将扫频仪射频输出端送入电路输入端,电路输出接至扫频仪检波器输入端. 观察回路谐振曲线(应根据实际情况选择扫频仪输出衰减挡位适当的位置),调回路电容 CT_4 使回路谐振.

4. 测量放大器的频率特性.

当回路电阻 $R=10k\Omega$(S_7 的 2 拨向"ON")且 S_8 的 4 拨向"ON"时,选择正常放大区的输入电压 V_i. 将高频信号发生器输出端接至电路输入端,调节频率 f 使其为 10MHz,调节 CT_4 使回路谐振,使输出电压幅度为最大,此时的回路谐振频率 $f_0=10MHz$ 为中心频率,然后保持输入电压 V_i 不变,改变频率 f 由中心频率向两边逐点偏离,测得的偏离范围根据实测的情况不确定. 计算 $f_0=10MHz$ 时的电压放大倍数及回路的通频带和 Q 值.

5. 改变谐振回路电阻,拨动开关 S_7 分别接 10kΩ、2kΩ、470Ω 的电阻,开路时,重复上述测试,并将测试结果填入表 7-3 中. 比较通频带情况.

表 7-3　数据表

f/MHz		7	8	9	9.2	9.5	10	10.5	10.8	11	12	13
V_o	S_7 接 10kΩ											
	S_7 接 2kΩ											
	S_7 接 470Ω											
	S_7 开路											

五、实验报告要求

1. 写明实验目的.
2. 画出实验电路的交流等效电路.
3. 计算直流工作点,与实验实测结果比较.
4. 写明实验所用仪器、设备及名称、型号.
5. 整理实验数据,分析说明回路并联电阻对 Q 值的影响.
6. 假定 CT 和回路电容 C 总和为 30pF,根据工作频率计算回路电感的值.
7. 画出 R 为不同值时的幅频特性.

六、简易操作说明

1. 将 10MHz 高频小信号($<100\text{m}V_{\text{p-p}}$)输入到“高频小信号放大”模块中的 J_{30}(XXH. IN).

2. 将示波器接入到该模块中 J_{31}(XXH. OUT).

3. 将 J_{27} 处短路块 C. DL 连到下横线处,拨码开关 S_8 必须有一个拨向“ON”,示波器上可观察到已放大的高频信号.

4. 改变开关 S_8,可观察增益变化,若 S_8 的 1 拨向“ON”,则调整电位器 VR_{15},增益可连续变化.

5. 将拨码开关 S_7 逐个拨向“ON”可观察增益变化,该开关改变并联在谐振回路上的电阻,即改变回路 Q 值.

6. 改变输出回路中周或可变电容也可观察增益变化.

7. 改变输入信号频率,可观察到增益随之变化,即可作出谐振曲线的频率特性.

8. 使用扫频仪可直接观察谐振曲线的频率特性,同时可重复以上过程,观察曲线的变化.

实验二　正弦波振荡器

振荡器是一种能自动地将直流电源能量转换为一定波形的交变振荡信号能量的转换电路.它与放大器的区别在于,无须外加激励信号,就能产生具有一定频率、一定波形和一定振幅的交流信号.

一、实验目的

1. 掌握三端式振荡电路的基本原理、起振条件、振荡电路设计及电路参数计算.
2. 通过实验掌握晶体管静态工作点、反馈系数大小、负载变化对起振和振荡幅度的影响.
3. 研究外界条件(温度、电源电压、负载变化)对振荡器频率稳定度的影响.

4. 比较 LC 振荡器和晶体振荡器的频率稳定度.

二、实验内容

1. 熟悉振荡器模块各元件及其作用.
2. 进行 LC 振荡器波段工作研究.
3. 研究 LC 振荡器和晶体振荡器中静态工作点、反馈系数及负载对振荡器的影响.
4. 测试、分析比较 LC 振荡器与晶体振荡的频率稳定度.

三、实验原理

本实验中正弦波振荡器包含工作频率为 10MHz 左右的电容反馈 LC 三端振荡器和一个 10MHz 的晶体振荡器,电路如图 7-2 所示. 由拨码开关 S_2 决定是 LC 振荡器还是晶体振荡器(1 拨向"ON"为 LC 振荡器,4 拨向"ON"为晶体振荡器).

若将 S_2 的 4 拨向"ON",则以晶体 X_1 代替电感 L_1,此即为晶体振荡器. 图 7-2 中电位器 VR_2 调节静态工作点,拨码开关 S_4 改变反馈电容的大小,S_3 改变负载电阻的大小,VR_1 调节变容二极管的静态偏置.

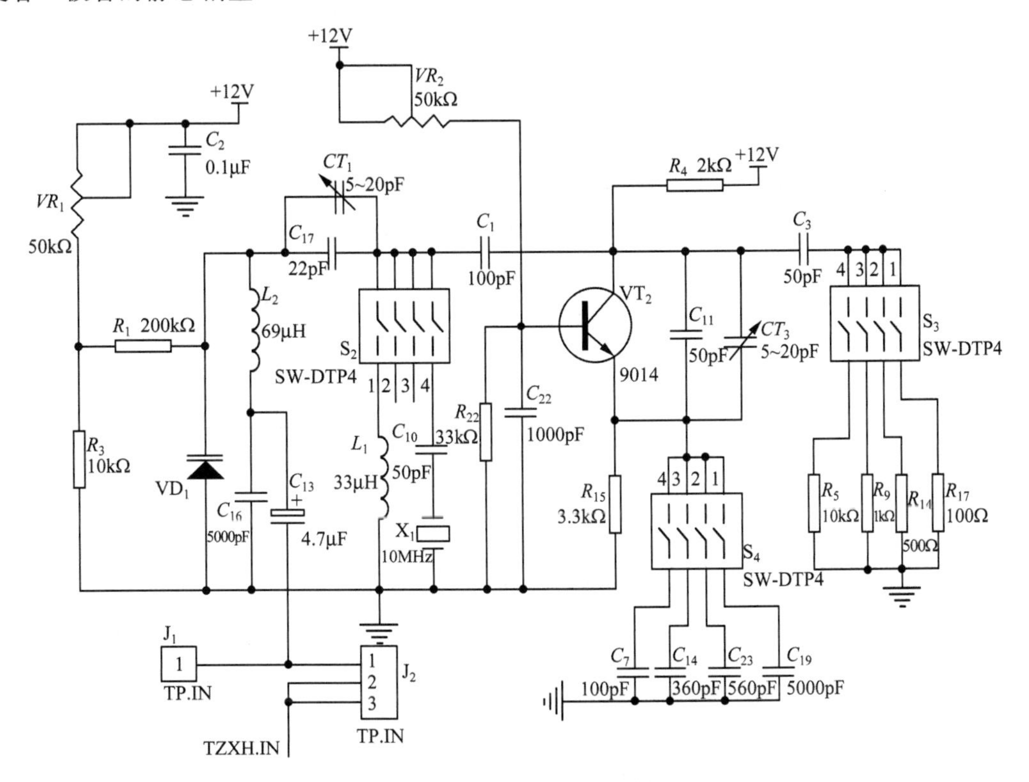

图 7-2　正弦波振荡电路图

LC 振荡器交流等效电路图如图 7-3 所示. 由交流等效电路图可知该电路为电容反馈 LC 三端式振荡器,其反馈系数 $F=(C_{11}+CT_3)/C_{AP}$,C_{AP} 可为 C_7、C_{14}、C_{23}、C_{19} 中的一个. 图 7-3 中 C_j 为变容二极管(2CCIB)根据所加静态电压对应的静态电容.

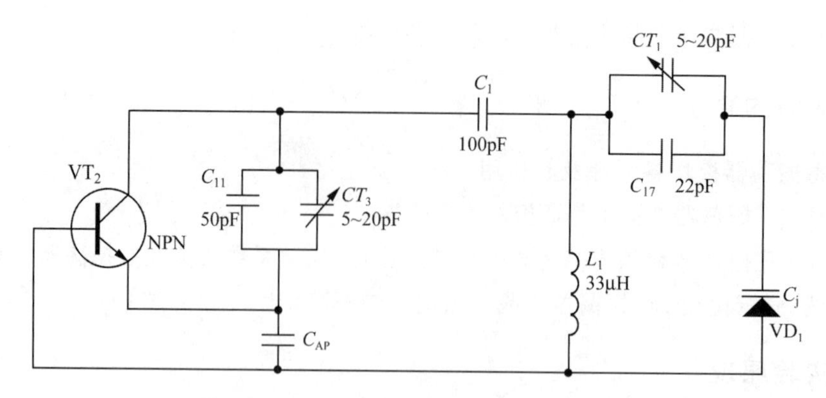

图 7-3 正弦波振荡电路的交流等效电路图

四、实验步骤

1. 根据图 7-2 在实验板上找到振荡器位置并熟悉各元件及其作用.

2. *LC* 振荡器波段工作研究.

将 S_2 的 1 置于“ON”，S_4 的 3 置于“ON”，S_3 全断开. 调节 VR_1 使变容二极管负端到地电压为 2V，调节 VR_2 改变静态工作点，调节 VR_5 改变输出幅度大小使 J_6(ZD. OUT)输出最大不失真正弦信号，改变可变电容 CT_1 和 CT_3，测其幅频特性，描绘幅频曲线(用频率计和高频电压表在 J_6 处测试).

3. *LC* 振荡器静态工作点反馈系数及负载对振荡幅度的影响.

(1) 将 S_2 的 1 置于“ON”，S_4 的 3 置于“ON”，S_3 开路，改变上偏置电位器 VR_2，记下 I_{eo}，填入表 7-4 中，用示波器测量对应点的振荡幅度 $V_{p\text{-}p}$(峰峰值)填入表 7-4 中. 记下停振时的静态工作点电流. ($I_{eo}=V_e/R_e$)

表 7-4 数据表

I_{eo}/mA								
$V_{p\text{-}p}$/V								

将 S_4 的 2、4 置于“ON”，重复以上步骤.

(2) S_2 置于 1，S_4 的 1、2、3、4 分别置于“ON”，改变反馈电容大小，计算反馈系数，利用示波器记下振荡幅度与开始起振及停振时的反馈电容值，填入表 7-5 中.

表 7-5 数据表

反馈电容	(S_4 的 4 置于“ON”)100pF	(S_4 的 3 置于“ON”)360pF	(S_4 的 2 置于“ON”)560pF	(S_4 的 1 置于“ON”)5000pF
反馈系数				
振荡幅度 $V_{p\text{-}p}$				

(3) S_2 的 1，S_4 的 2，S_3 的 1、2、3、4 分别置于“ON”，改变负载电阻大小，记下振荡幅度及停振时的负载电阻，填入表 7-6 中.

表 7-6　数据表

负载电阻	空载	(S_3 的 4 置于"ON")10kΩ	(S_3 的 3 置于"ON")1kΩ	(S_3 的 2 置于"ON")500Ω	(S_3 的 1 置于"ON")100Ω
振荡幅度 V_{p-p}					

S_2 的 4 置于"ON"(晶体振荡器)，重复以上步骤，并记录结果.

4. *LC* 振荡器的频率稳定度与晶体振荡器频率稳定度的比较与研究.

将 S_2 的 1、4 分别置于"ON"，进行以下实验并进行比较与研究.

(1) 温度变化引起的频率漂移.

S_2 的 1 或 4 置于"ON"，S_4 的 2 置于"ON"，S_3 置于开路，先在室温下记下振荡频率. 频率计接入 J_6 点，若振荡幅度较小，可在放大输出(FD. OUT)J_{26}处测频率.

然后将电烙铁靠近振荡管和振荡回路，每隔 1 分钟记下频率的变化值，并填入表 7-7 中. 在记录时，S_2 的 1(*LC* 扬荡器)和 4(晶体振荡器)交替地置于"ON"，观察每次数据的变化和它们的区别(*LC* 振荡器温度越高，频率越高；晶体振荡器温度的变化对频率无影响).

表 7-7　数据表

温度(随时间变化)	室温	1 分钟	2 分钟	3 分钟	4 分钟	5 分钟
LC 振荡器						
晶体振荡器						

(2) 电源电压变化引起的频率漂移(本实验箱电源已内置，电源电压输出固定，要做该步骤只能外接可变电源).

S_2 的 1 或 4 置于"ON"，S_4 的 3 置于"ON"，以室温下电源电压 12V 时的频率为标准，测量电源电压变化±2V 时 *LC* 振荡器及晶体振荡器的频率漂移，填入表 7-8 中，比较所得结果(此实验项目可不做).

表 7-8　数据表

电源电压		10V	11V	12V	13V	14V
频率	*LC* 振荡器					
	晶体振荡器					

(3) 负载变化引起的频率漂移.

S_2 的 1 或 4 置于"ON"，S_3 的 1、2、3、4 顺次置于"ON"，测量 S_2 开关所在 *LC* 振荡器及晶体振荡器的频率，填入表 7-9 中，比较所得结果(如果输出幅度小，可把输出信号引入前置放大后再接频率计).

表 7-9　数据表

负载电阻		100Ω	500Ω	1kΩ	10kΩ	空载
频率	*LC* 振荡器					
	晶体振荡器					

五、实验报告要求

1. 记录实验箱序号,用表格形式列出实验所测数据,绘出实验曲线,并用所学的理论加以分析解释.

2. 比较所测得的结果,分析晶体振荡器的优点.

3. 分析静态工作点、反馈系数 F 和负载对振荡器起振条件和输出波形振幅的影响.

4. 根据实测写出 LC 振荡器和晶体振荡器的工作频率范围,并分析两种不同振荡器的频率稳定度.

六、简易操作说明

1. 将拨码开关 S_2 的 4 置于"ON"即为晶体振荡器,S_2 的 1 置于"ON"则为 LC 振荡器.

2. 将示波器接到该模块 J_6(ZD. OUT)处,可观察到 10MHz 的正弦波(注:拨码开关 S_4 的 2、3 中应有一个置于"ON").

3. 改变 S_4 即改变反馈电容,若 S_4 的 1 置于"ON"则停振.

4. 改变 S_3 可观察输出波形的变化,若 S_3 的 1 置于"ON"则停振.

实验三 振幅调制器

幅度调制就是使载波的振幅(包络)受调制信号的控制做周期性的变化,变化的周期与调制信号周期相同,即振幅变化与调制信号的振幅成正比,通常称高频信号为载波信号.本实验中载波是由晶体振荡器产生的 10MHz 的高频信号,1kHz 的低频信号为调制信号.振幅调制器即为产生调幅信号的装置.

一、实验目的

1. 掌握用集成模拟乘法器实现全载波调幅和抑制载波双边带调幅的方法.

2. 研究已调波与调制信号及载波信号的关系.

3. 掌握调幅系数测量与计算的方法.

4. 通过实验对比全载波调幅和抑制载波双边带调幅的波形.

二、实验内容

1. 调测模拟乘法器 MC1496 正常工作时的静态值.

2. 实现全载波调幅,改变调幅度,观察波形变化并计算调幅度.

3. 实现抑制载波的双边带调幅波.

三、实验原理

在本实验中采用集成模拟乘法器 MC1496 来完成调幅，图 7-4 为 MC1496 芯片内部电路图，它是一个四象限模拟乘法器的基本电路，电路采用了两组差动对（由 $V_1 \sim V_4$ 组成），以反极性方式相连接，而且两组差分对的恒流源又组成一对差分电路，即 V_5 与 V_6，因此恒流源的控制电压可正可负，以此实现四象限工作. D、V_7、V_8 为差动放大器 V_5 与 V_6 的恒流源. 进行调幅时，载波信号加在 $V_1 \sim V_4$ 的输入端，即引脚的 8、10 之间；调制信号加在差动放大器 V_5、V_6 的输入端，即引脚的 1、4 之间，2、3 脚外接 1kΩ 电位器，以扩大调制信号动态范围，已调制信号取自双差动放大器的两集电极（即引脚 6、12 之间）输出.

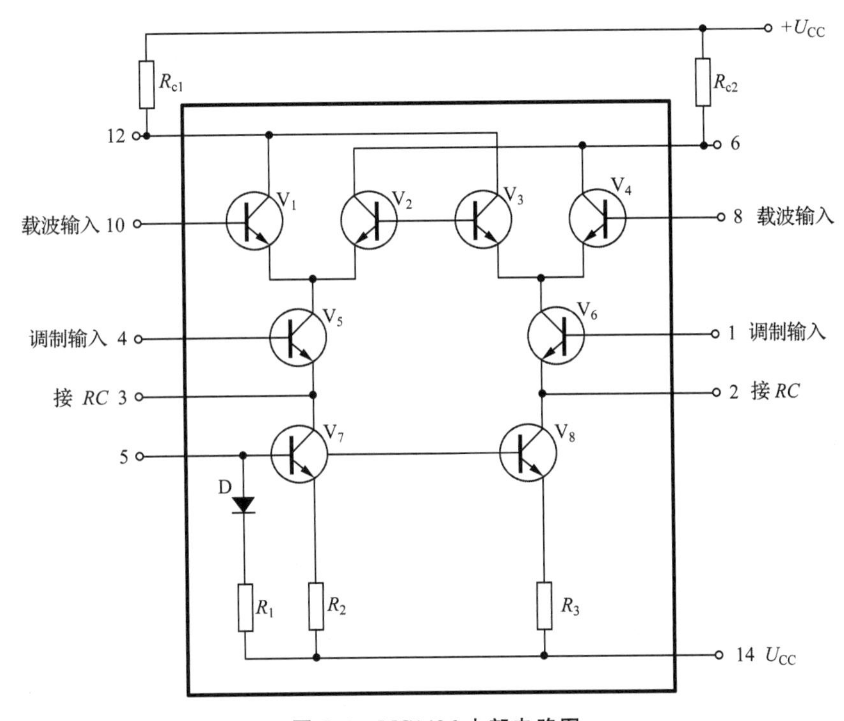

图 7-4　MC1496 内部电路图

用 MC1496 集成电路构成的调幅器电路图如图 7-5 所示，图中 VR_8 用来调节引脚 1、4 之间的平衡，VR_7 用来调节引脚 5 的偏置. 器件采用双电源供电方式（＋12V、－9V），电阻 R_{29}、R_{30}、R_{31}、R_{32}、R_{52} 为器件提供静态偏置电压，保证器件内部的各个晶体管工作在放大状态.

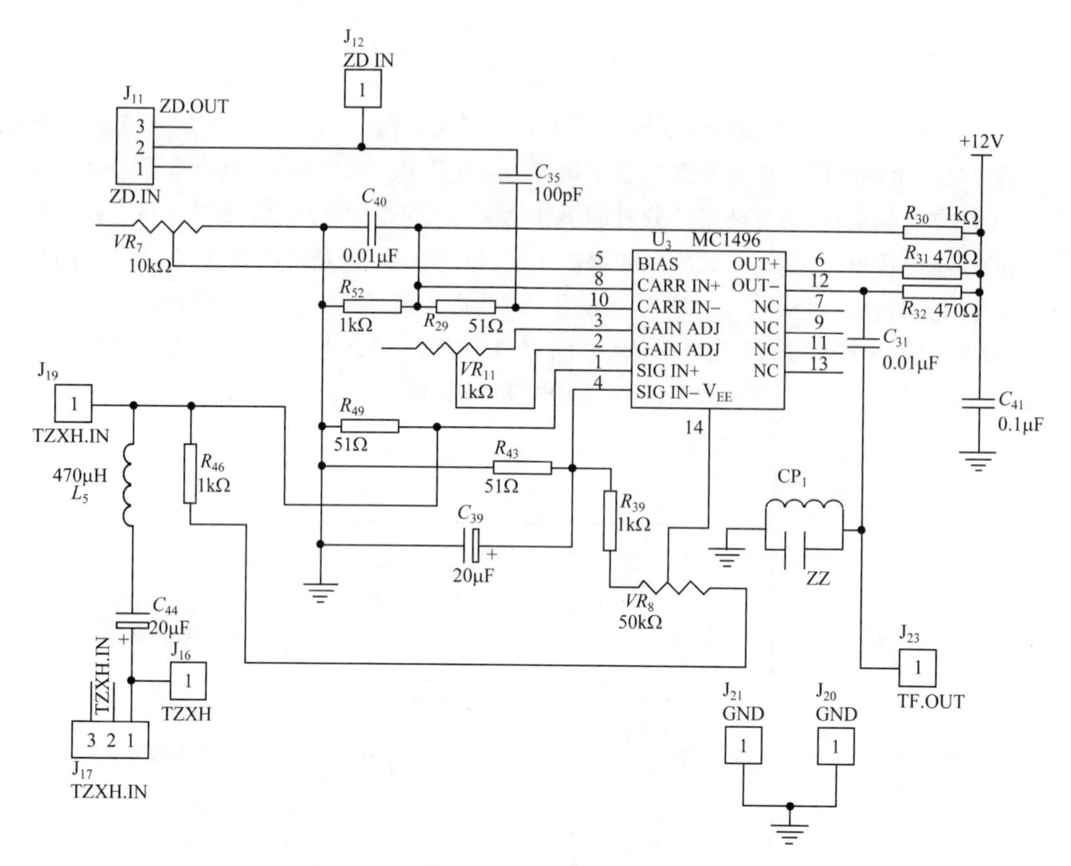

图 7-5 由 MC1496 构成的振幅调制电路图

四、实验步骤

1. 静态工作点调测. 使调制信号 $U_{\Omega}=0$,载波 $U_C=0$(短路块 J_{11}、J_{17} 开路),调节 VR_7、VR_8 使模拟乘法器 U_3 各引脚偏置电压接近下列参考值:

U_8	U_{10}	U_1	U_4	U_6	U_{12}	U_2	U_3	U_5
5.62V	5.62V	0V	0V	0.38V	10.38V	−0.76V	−0.76V	−7.16V
5.84V	5.84V	0V	0V	10.76V	10.76V	−0.74V	−0.74V	−7.37V

R_{39}、R_{46} 与电位器 VR_8 组成平衡调节电路,改变 VR_8 可以使乘法器实现抑制载波的振幅调制或有载波的振幅调制.

2. 抑制载波振幅调制. J_{12} 端输入载波信号 $U_C(t)$,其频率 $f_C=10\text{MHz}$、峰峰值 U_{Cpp} 为 100～300mV. J_{16} 端输入调制信号 $U_{\Omega}(t)$,其频率 $f_{\Omega}=1\text{kHz}$,先使峰峰值 $U_{\Omega pp}=0$,调节 VR_8,使输出 $U_o=0$(此时 $U_4=U_1$),再逐渐增加 $U_{\Omega pp}$,则输出信号 $U_o(t)$ 的幅度逐渐增大,最后出现如图 7-6 所示的抑制载波的调幅信号. 由于器件内部参数不可能完全对称,致使输出出现漏信号. 引脚 1 和 4 分别接电阻 R_{49} 和 R_{43} 可以较好地抑制载波漏信号和改善温度性能.

3. 全载波振幅调制的调幅度 $m=\dfrac{U_{\text{mmax}}-U_{\text{mmin}}}{U_{\text{mmax}}+U_{\text{mmin}}}$, J_{12} 端输入载波信号 $U_C(t)$, $f_C=10\text{MHz}$, U_{cpp} 为 100～300mV,调节平衡电位器 VR_8,使输出信号 $U_o(t)$ 中有载波输出(此时

U_1 与 U_4 不相等). 再从 J_{16} 端输入调制信号,其 $f_\Omega=1\text{kHz}$,当 $U_{\Omega pp}$ 由零逐渐增大时,则输出信号$U_o(t)$的幅度发生变化,最后出现如图 7-7 所示的有载波调幅信号的波形,记下 AM 波对应的 U_{mmax}(=0.4)和 U_{mmin}(=0.2),并计算调幅度 m(m=33%).

4. 加大 U_Ω,观察波形变化,画出过调制波形并记下对应的 U_Ω、U_C 值进行分析.

调制信号 U_Ω 可以用外加信号源,也可直接采用实验箱上的低频信号源. 将示波器接入 J_{22}处(此时 J_{17}短路块应断开),调节电位器 VR_3,使其输出 1kHz 不失真信号,改变 VR_9 可以改变输出信号幅度的大小. 将短路块 J_{17}短接,示波器接入 J_{19}处,调节 VR_9 改变输入 U_Ω 的大小.

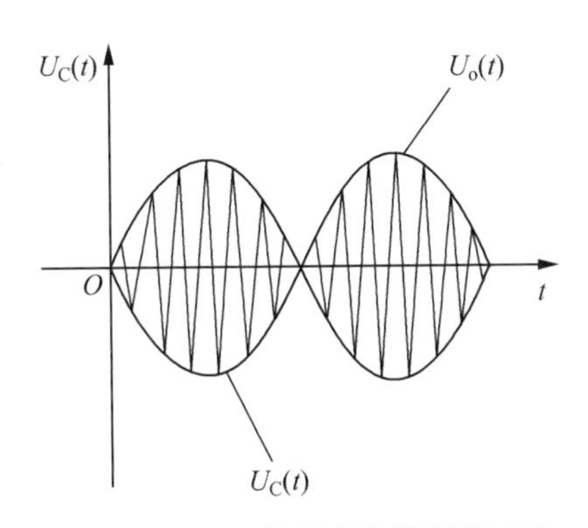

图 7-6　抑制载波调幅波波形

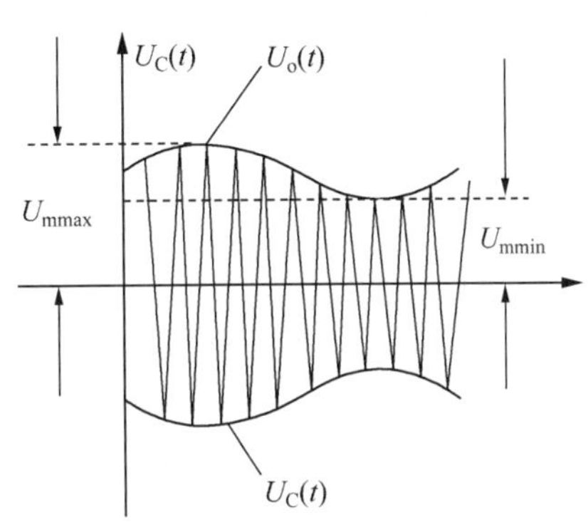

图 7-7　普通调幅波波形

五、实验报告要求

1. 整理实验数据,写出 MC1496 各引脚的实测数据.
2. 画出调幅实验中 m=30%、m=100%、m>100%的调幅波形,分析过调幅的原因.
3. 画出当改变 VR_8 时能得到的几种调幅波形,分析其原因.
4. 画出 100%调幅波形及抑制载波双边带调幅波形,比较两者的区别.

六、简易操作说明

1. 将短路块 J_{11}、J_{17}均连接到下横线处.
2. 将示波器连接到模块 J_{23}处(TF. OUT)可观察调幅波(注:此时后级 J_{15}断开).
3. 改变 VR_8 可观察到载波被抑制的双边带调幅波.
4. 改变低频调制信号的 VR_9,可改变调制度(注:此时开关 S_6 拨向左端,在 J_{19}处可观察调制信号).

实验四 调幅波信号的解调

调幅波的解调是调幅的逆过程,即从调幅信号中取出调制信号,通常称之为检波.调幅波解调方法主要有二极管峰值包络检波、同步检波.在本实验板上主要完成二极管包络检波.

一、实验目的

1. 掌握调幅波的解调方法.

2. 掌握二极管峰值包络检波的原理.

3. 掌握包络检波器的主要质量指标、检波效率及各种波形失真的现象、产生的原因与克服的方法.

二、实验内容

1. 完成普通调幅波的解调.

2. 观察抑制载波的双边带调幅波的解调.

3. 观察普通调幅解调中的对角切割失真、底部切割失真及检波器不加高频滤波的现象.

三、实验原理

二极管包络检波器主要用于解调含有较大载波分量的大信号,它具有电路简单、易于实现的优点.实验电路图如图 7-8 所示,主要由二极管 D_7 及 RC 低通滤波器组成,利用二极管的单向导电特性和检波负载 RC 的充放电过程实现检波.RC 时间常数的选择很重要,RC 时间常数过大,会产生对角切割失真(又称惰性失真);RC 常数太小,高频分量会滤不干净.综合考虑,要求满足下式:

$$RC\Omega_{\max} \ll \frac{\sqrt{1-m^2}}{m}$$

其中,m 为调幅系数,$\Omega_{\max}$ 为调制信号最高角频率.

当检波器的直流负载电阻 R 与交流音频负载电阻 R_Ω 不相等且调幅度 m 又相当大时,会产生负峰切割失真(又称底边切割失真),为了保证不产生负峰切割失真,应满足

$$m < \frac{R_\Omega}{R}$$

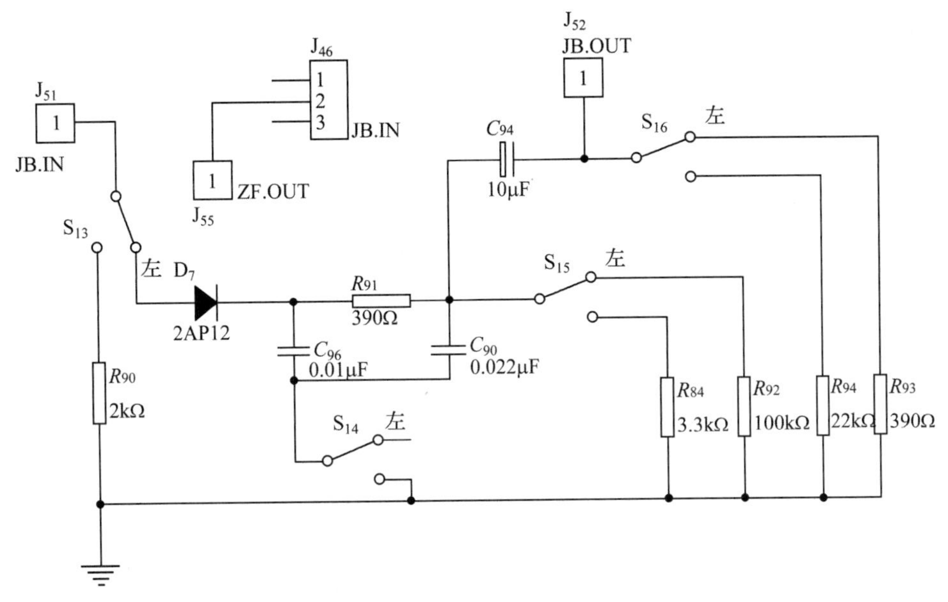

图 7-8　包络检波电路图

四、实验步骤

1. 解调全载波调幅信号.

(1) $m<30\%$的调幅波检波.

从 J_{45}(ZF. IN)处输入 455kHz、0.1V_{p-p}、调制度 $m<30\%$的已调波，短路环 J_{46}连通，调整 CP_6 中周，使 J_{51}(JB. IN)处输出 0.5～1V_{p-p}已调幅信号. 将开关 S_{13}拨向左端，S_{14}、S_{15}、S_{16}均拨向右端，将示波器接入 J_{52}(JB. OUT)，观察输出波形.

(2) 加大调制信号幅度，使 $m=100\%$，观察记录检波输出波形.

2. 观察对角切割失真.

保持以上输出，将开关 S_{15}拨向左端，检波负载电阻由 3.3kΩ 变为 100kΩ，在 J_{52}处用示波器观察波形并记录，与上述波形进行比较.

3. 观察底部切割失真.

将开关 S_{16}拨向左端，S_{15}也拨向左端，在 J_{52}处观察波形并记录，与正常解调波形进行比较.

4. 将开关 S_{15}、S_{16}还原到右端，将开关 S_{14}拨向左端，在 J_{52}处可观察到检波器不加高频滤波的现象.

五、实验报告要求

1. 通过一系列检波实验，将相关内容整理在表 7-10 中.

表 7-10 数据表

输入的调幅波波形	$m<30\%$	$m=100\%$	抑制载波调幅波
二极管包络检波器输入波形			

2. 画出观察到的对角切割失真和负峰切割失真波形及检波器不加高频滤波的现象.并进行分析说明.

六、简易操作说明

1. 从中放模块 J_{45}(ZF. IN)输入 455kHz、0.1～0.2$V_{p\text{-}p}$已调幅信号,调制度 m 为 30%左右,短路块 J_{40}断开,解调模块中的 J_{45}连通到下横线.

2. 从中放模块 J_{55}处(ZF. OUT)可观察到放大后的中频信号.

3. 将振幅解调模块中开关 S_{13}拨向左端,S_{14}、S_{15}、S_{16}均拨向右端,在 J_{52}处可看到解调后的低频信号,也可在低放模块中从 J_{44}处看放大后的低频信号,改变 VR_{17}即改变低放增益.

4. 改变 S_{14}、S_{15}、S_{16}可观察对角切割失真、底部失真和不加高频滤波的情况.若 S_{14}拨向左端,则高频滤波断开;若 S_{15}拨向左端,则对角切割失真;若 S_{15}、S_{16}拨向左端,则底部失真;若失真不明显则可加大调制度.

项目八　电机与电力拖动

实验一　三相异步电动机点动控制电路的安装接线

一、实验仪器

1. 空气开关 QS(1 个).
2. 熔断器 FU(3 个).
3. 直插式熔断器 FU2(1 个).
4. 交流接触器 KM(1 个).
5. 按钮开关 SB(1 个,点动按钮用黑色).
6. 三相鼠笼异步电机 M(1 台,380V/Δ).

二、实验电路图

实验电路如图 8-1 所示.

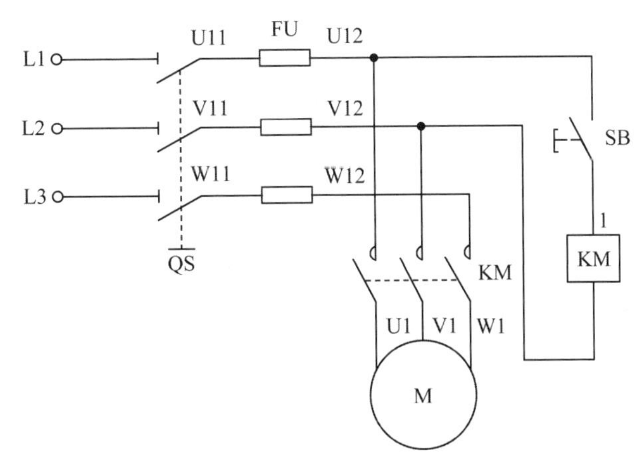

图 8-1　电路图

三、实验原理

如图8-1所示,该电路可分成主电路和控制电路两部分.主电路从电源L1、L2、L3、开关QS、熔断器FU、接触器触头KM到电动机M.控制电路由按钮SB和接触器线圈KM组成.

当合上电源开关QS时,电动机是不会启动运转的,因为这时接触器KM的线圈未通电,它的主触头处在断开状态,电动机M的定子绕组上没有电压.只要按下按钮SB,使线圈KM通电,主电路中的主触头KM闭合,电动机M即可启动.但当松开按钮SB时,线圈KM即失电,使主触头分开,切断电动机M的电源,电动机即停转.这种只有当按下按钮电动机才会运转,松开按钮即停转的线路,称为点动控制线路.

四、检测与调试

检查接线无误后,接通交流电源,合上开关QS,此时电机不转,按下按钮SB,电机即可启动,松开按钮电机即停转.若有电机不能点动控制或熔丝熔断等故障,则应切断电源,分析排除故障后使之正常工作.

实验二　三相异步电动机自锁控制电路的安装接线

一、实验仪器

1. 空气开关QS(1个).
2. 熔断器FU1(3个).
3. 直插式熔断器FU2(1个).
4. 交流接触器KM(1个).
5. 热继电器FR(1个).
6. 热继电器座FR(1个).
7. 按钮开关SB1(1个,绿色).
8. 按钮开关SB2(1个,红色).
9. 三相鼠笼异步电动机M(1台,380V/Δ).

二、实验电路图

实验电路如图 8-2 所示.

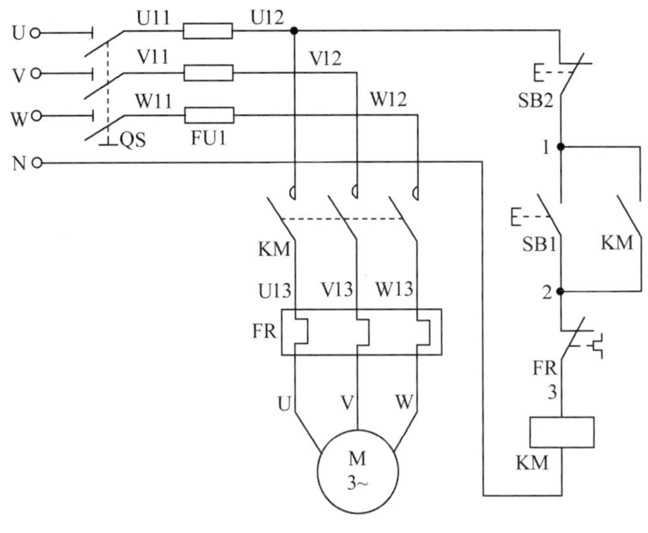

图 8-2　电路图

三、实验原理

在点动控制的电路中，要使电动机转动，就必须按住按钮不放. 而在实际生产中，有些电动机须长时间连续运行，使用点动控制是不现实的，这就需要具有接触器自锁的控制电路.

相较于点动控制，自锁触头必须是常开触头且与启动按钮并联. 因为电动机是连续工作的，所以必须加装热继电器以实现过载保护. 具有过载保护的自锁控制电路的电气原理如图 8-2 所示，它与点动控制电路的不同之处在于控制电路中增加了一个停止按钮 SB1，在启动按钮的两端并联了一对接触器的常开触头，增加了过载保护装置(热继电器 FR).

电路的工作过程是：当按下启动按钮 SB1 时，接触器 KM 线圈通电，主触头闭合，电动机 M 启动旋转. 当松开按钮时，电动机不会停转，因为这时接触器 KM 线圈可以通过辅助触点继续维持通电，保证主触点 KM 仍处在接通状态，电动机 M 就不会失电停转. 这种松开按钮仍然能自行保持线圈通电的控制电路叫作具有自锁(或自保)的接触器控制电路，简称自锁控制电路. 与 SB1 并联的接触器常开触头称为自锁触头.

1. 欠电压保护.

欠电压是指电路电压低于电动机应加的额定电压. 欠电压的后果是电动机转矩降低，转速随之下降，影响电动机的正常运行，欠电压严重时会损坏电动机，发生事故. 在具有接触器自锁的控制电路中，当电动机运转时，电源电压降低到一定值时(一般为 85%额定电压以下)，由于接触器线圈磁通减弱，电磁吸力克服不了反作用弹簧的压力，动铁芯释放，从而使接触器主触头分开，自动切断主电路，电动机停转，达到欠电压保护的作用.

2. 失电压保护.

当生产设备运行时,若其他设备发生故障,引起瞬时断电,会使生产机械停转.当故障排除,恢复供电时,由于电动机自行重新启动,很可能引起设备受损或安全事故的发生.若采用具有接触器自锁的控制电路,即使电源恢复供电,由于自锁触头仍然保持断开,接触器线圈不会通电,所以电动机不会自行启动,从而避免了可能出现的事故.这种保护称为失电压保护或零电压保护.

3. 过载保护.

具有自锁的控制电路虽然具有短路保护、欠电压保护和失电压保护的作用,但这些在实际使用中还不够完善.电动机在运行过程中,若长期负载过大,或操作频繁,或三相电路断掉一相运行等,都可能使电动机的电流超过它的额定值,有时在这种情况下熔断器尚不会熔断,这将会引起电动机绕组过热,损坏电动机绝缘.因此,应对电动机设置过载保护.通常由三相热继电器来完成过载保护.

四、检测与调试

检查接线无误后,接通交流电源,合上开关 QS,按下 SB1,电机应启动并连续转动,按下 SB2,电机应停转.若按下 SB1,电机启动并运转后,电源电压降到 380V 以下或电源断电,则接触器 KM 的主触头会断开,电机停转.再次恢复电压为 380V(允许±10%的波动),电机应不会自行启动,即具有欠压或失压保护.

如果电机转轴卡住而接通交流电源,则在几秒内热继电器应动作,断开加在电机上的交流电源(注意交流电源接通时间不能超过 10 秒,否则电机过热会冒烟并损坏).

实验三　三相异步电动机的多地控制

一、实验仪器

1. 空气开关 QS(1 个).
2. 熔断器 FU1(3 个).
3. 直插式熔断器 FU2(1 个).
4. 交流接触器 KM(1 个).
5. 热继电器 FR(1 个).
6. 热继电器座 FR(1 个).
7. 按钮开关 SB 11、SB 21(2 个,红色).
8. 按钮开关 SB 12、SB 22(2 个,绿色).
9. 三相鼠笼异步电动机 M(1 台,380V/Δ).

二、实验电路图

实验电路如图 8-3 所示.

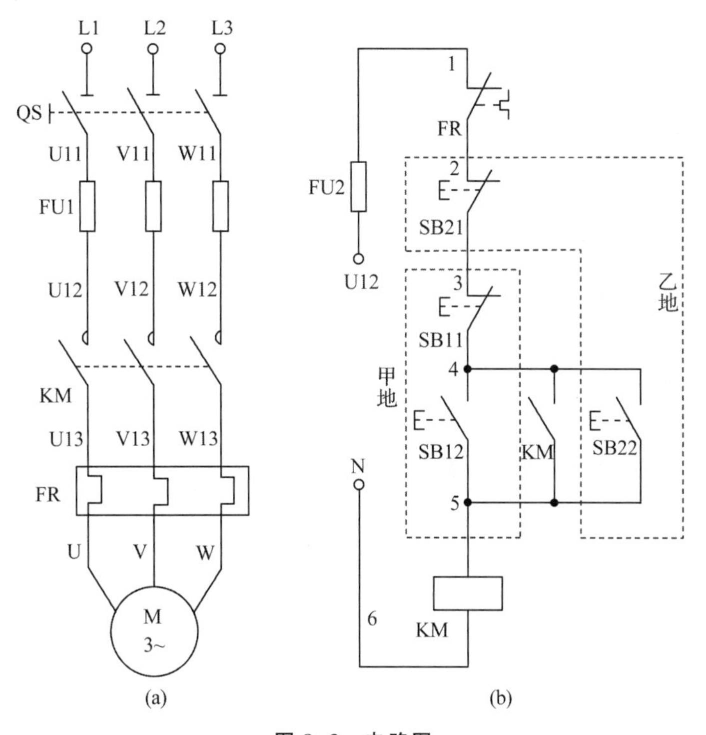

图 8-3　电路图

三、实验原理

图 8-3 中,SB 11和 SB 12为甲地的启动和停止按钮;SB 21和 SB 22为乙地的启动和停止按钮.它们可以分别在两个不同地点上控制接触器 KM 的接通和断开,达到两地控制同一电动机启、停的目的.

四、检测与调试

确认接线正确后,可接通交流电源自行操作,若操作中发现有不正常现象,应断开电源进行分析,排除故障后重新操作.

实验四 三相异步电动机的顺序控制线路

一、实验仪器

1. 空气开关 QS(1 个).
2. 熔断器 FU1(3 个).
3. 直插式熔断器 FU2(1 个).
4. 交流接触器 KM1、KM2(2 个).
5. 热继电器 FR1、FR2(2 个).
6. 热继电器座 FR1、FR2(2 个).
7. 按钮开关 SB 11、SB 21(2 个,红色).
8. 按钮开关 SB 12、SB 22(2 个,绿色).
9. 三相鼠笼异步电动机 M(2 台,380V/Δ).

二、实验电路图

实验电路如图 8-4 所示.

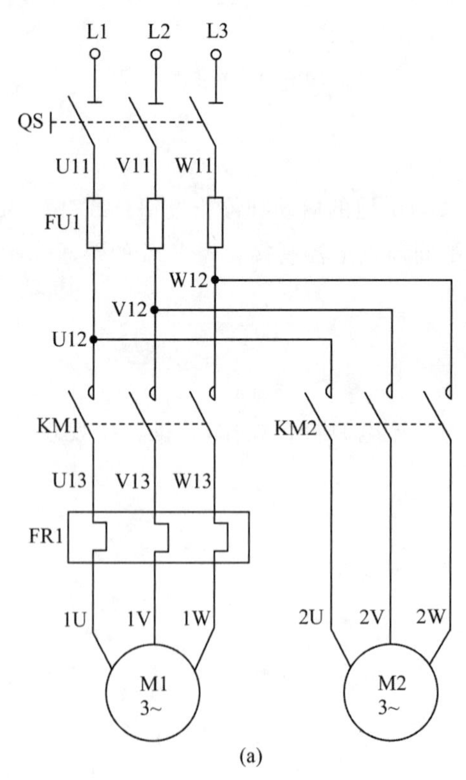

(a)

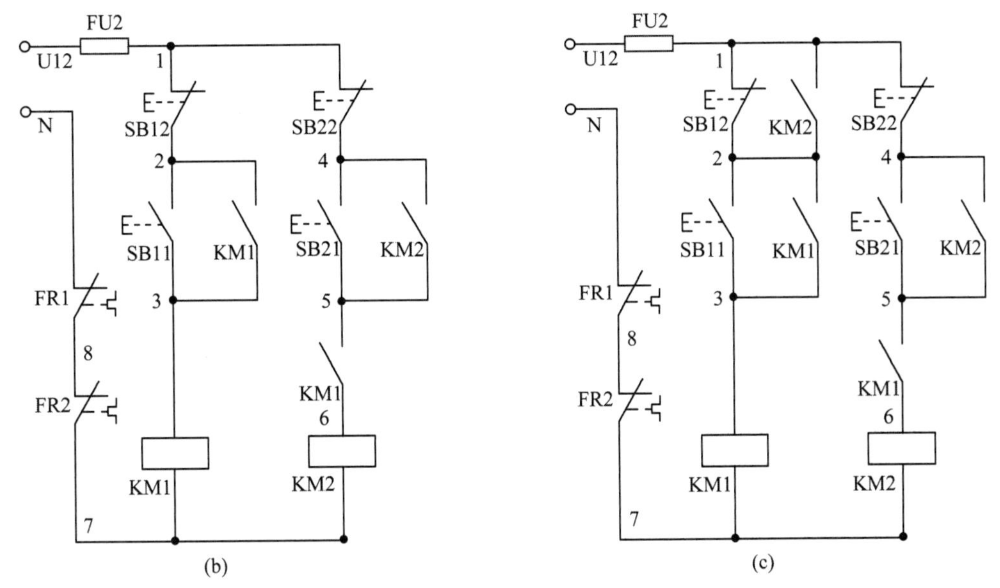

图 8-4　电路图

三、实验原理

顺序控制的电气原理图如图 8-4(a)所示. 在生产机械中,有时要求电动机的启动停止必须满足一定的顺序,如主轴电动机的启动必须在油泵启动之后,钻床的进给必须在主轴旋转之后等. 顺序控制可以在主电路,也可以在控制电路中实现.

在图 8-4(b)中,接触器 KM1 的一对常开触头(线号为 5、6)串联在接触器 KM2 线圈的控制电路中,按下 SB11 使电机 M1 启动运转,再按下 SB21 电机 M2 才会启动运转,若要停 M2 电机,则只要按下 SB12 即可.

在图 8-4(c)中,由于在 SB12 停止按钮两端并联一个接触器 KM2 的常开辅助触头(线号为 1、2),所以只有先使接触器 KM2 线圈失电,即电动机 M2 停止,同时 KM2 常开辅助触头断开,然后才能按 SB12 达到断开接触器 KM1 线圈电源的目的,使电动机 M1 停止. 这种顺序控制线路的特点是:使两台电动机依次顺序启动,而逆序停止.

四、检测与调试

确认接线正确后,可接通交流电源自行操作,若操作中发现有不正常现象,应断开电源进行分析,排除故障后重新操作.

实验五　接触器联锁的三相异步电动机正反转控制线路

一、实验仪器

1. 空气开关 QS(1 个).
2. 熔断器 FU1(3 个).
3. 直插式熔断器 FU2(1 个).
4. 交流接触器 KM1、KM2(2 个).
5. 热继电器 FR(1 个).
6. 热继电器座 FR(1 个).
7. 按钮开关 SB1(1 个,红色).
8. 按钮开关 SB2、SB3(2 个,绿色).
9. 三相鼠笼异步电动机 M(1 台,380V/Δ).

二、实验电路图

实验电路如图 8-5 所示.

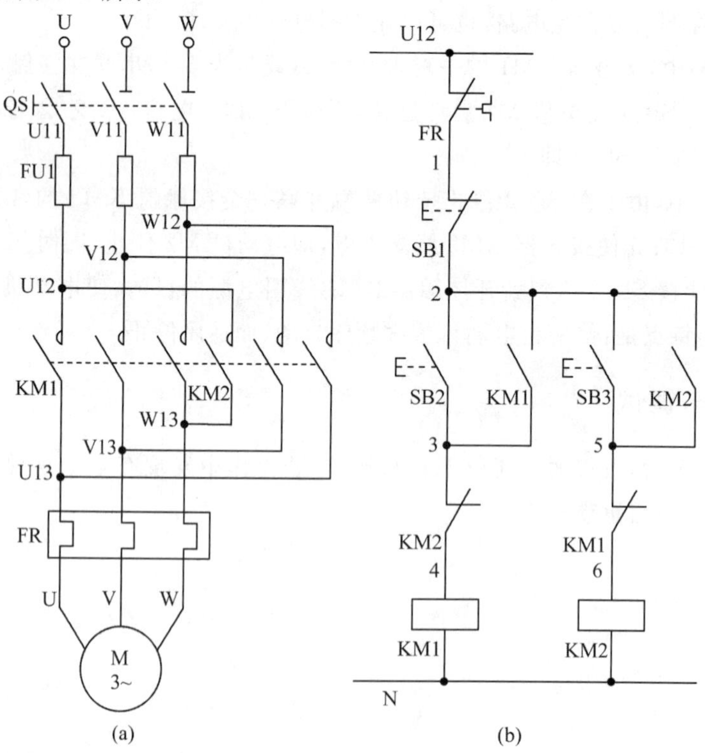

图 8-5　电路图

三、实验原理

1. 正转控制.

合上电源开关 QS,按正转启动按钮 SB2,正转控制回路接通,KM1 的线圈通电动作,其常开触头闭合自锁,常闭触头断开对 KM2 的联锁,同时主触头闭合,主电路按 U1、V1、W1 相序接通,电动机正转.

2. 反转控制.

要使电动机改变转向(即由正转变为反转)应先按下停止按钮 SB1,使正转控制电路断开,电动机停转,然后才能使电动机反转.为什么要这样操作呢?因为反转控制回路中串联了正转接触器 KM1 的常闭触头,当 KM1 通电工作时,它是断开的,若这时直接按反转按钮 SB3,反转接触器 KM2 是无法通电的,电动机也就得不到电源,故电动机仍然为正转状态,不会反转.电机停转后按下 SB3,反转接触器 KM2 通电动作,主触头闭合,主电路按 W1、V1、U1 相序接通,电动机的电源相序改变了,故电动机做反向旋转.

四、检测与调试

正反转控制电路的接线较为复杂,特别是当按钮使用较多时.在电路中,两处主触头的接线必须保证相序相反;联锁触头必须保证常闭互串;按钮接线必须正确、可靠、合理.仔细确认接线正确后,可接通交流电源,合上开关 QS,按下 SB2,此时电机应正转(电机右侧的轴伸端为顺时针转 ,若不符合转向要求,可停机,换接电机定子绕组任意两个接线即可).按下 SB3,电机仍应正转.如要电机反转,应先按 SB1,使电机停转,然后再按 SB3,则电机反转.若不能正常工作,则应分析原因并排除故障,使电路能正常工作.

实验六　三相异步电动机星形/三角形启动控制线路

一、实验仪器

1. 空气开关 QS(1 个).
2. 熔断器 FU1(3 个).
3. 直插式熔断器 FU2(1 个).
4. 交流接触器 KM、KM_Y、KM_Δ(3 个).
5. 热继电器 FR(1 个).
6. 热继电器座 FR(1 个).
7. 时间继电器 KT(1 个).
8. 时间继电器方座 KT(1 个).

9. 按钮开关 SB1(1 个,绿色).

10. 按钮开关 SB2(1 个,红色).

11. 三相鼠笼异步电动机 M(1 台,380V/Δ).

二、实验电路图

实验电路如图 8-6 所示.

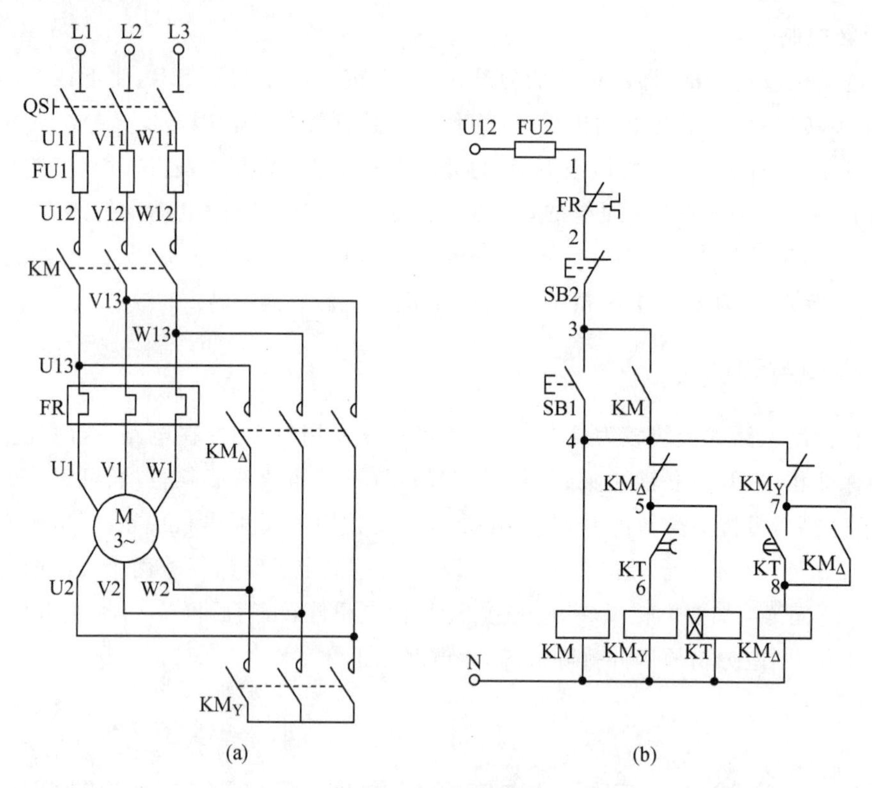

图 8-6 电路图

三、实验原理

星形/三角形启动控制电气原理如图 8-6(a)所示. 星形/三角形启动是指:为减少电动机启动时的电流,将正常工作接法为三角形的电动机,在启动时改为星形接法. 此时启动电流降为原来的 1/3,启动转矩也降为原来的 1/3. 线路的动作过程如图 8-7 所示.

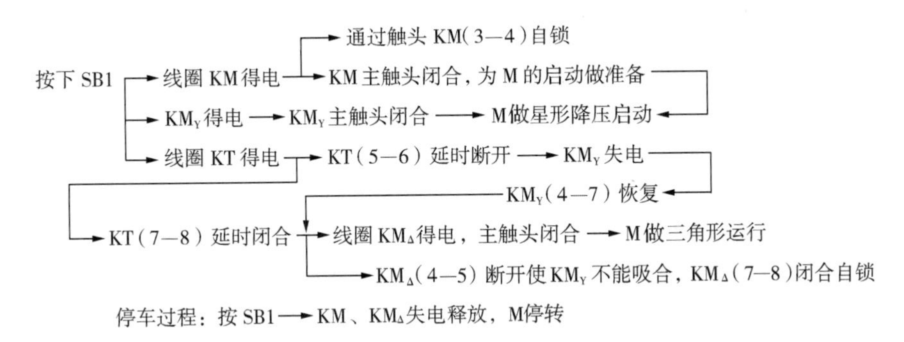

图 8-7　线路动作过程

四、检测与调试

确认接线正确方可接通交流电源，合上开关 QS，按下 SB1. 控制线路的动作过程应按原理所述，若操作中发现有不正常现象，应断开电源进行分析，排除故障后重新操作.

实验七　三相异步电动机单向降压启动及反接制动控制线路

一、实验仪器

1. 低压断路器 QS(1 个，DZ47，5A/3P).
2. 螺旋式熔断器 FU(3 个，RL1-15，配熔体 3A).
3. 交流接触器 KM1、KM2、KM3、KZ(4 个，CJX2-9/380，AC380V).
4. 实验按钮 SB1(1 个，LAY3-11，绿色).
5. 实验按钮 SB2(1 个，LAY3-11，红色).
6. 三相鼠笼式异步电动机 M(1 台，380V、0.45A、120W).
7. 速度继电器 SR(1 个，JY-1).
8. 电阻 R(3 个，90Ω、1.3A).

二、实验电路图

实验电路如图 8-8 所示.

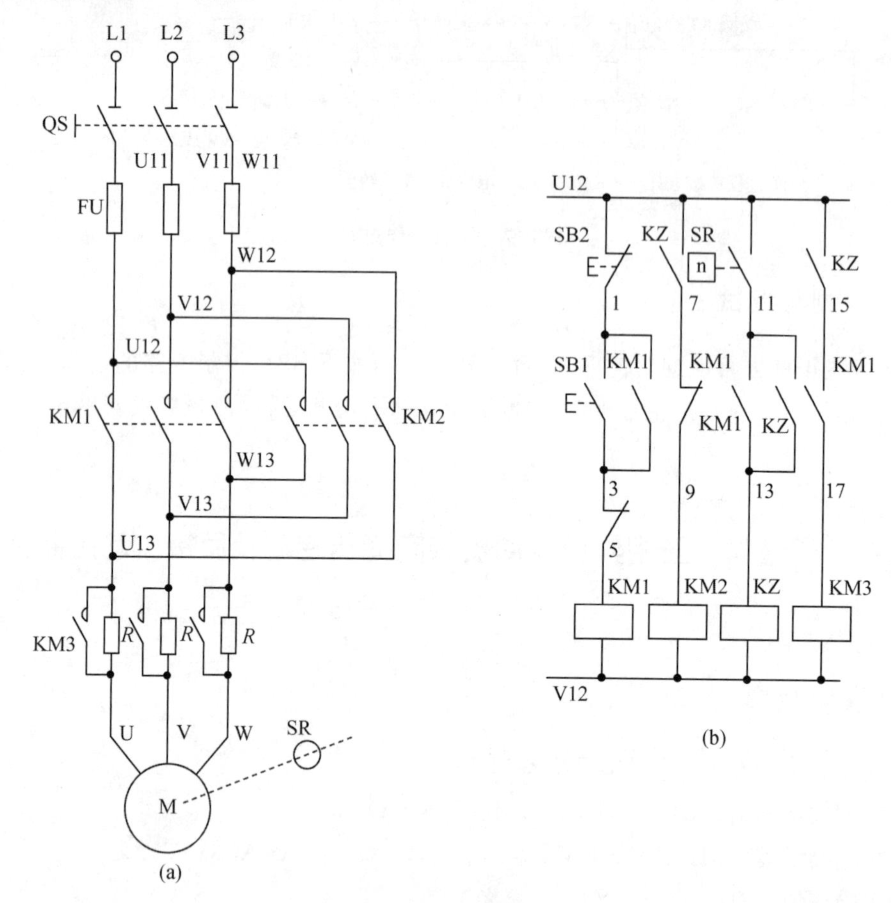

图 8-8　电路图

三、实验原理

图 8-8 中 KM1 为正转运行接触器,KM2 为反接制动接触器,用点画线和电动机 M 相连的 SR 表示速度继电器,SR 与 M 同轴.线路动作过程如图 8-9 所示.

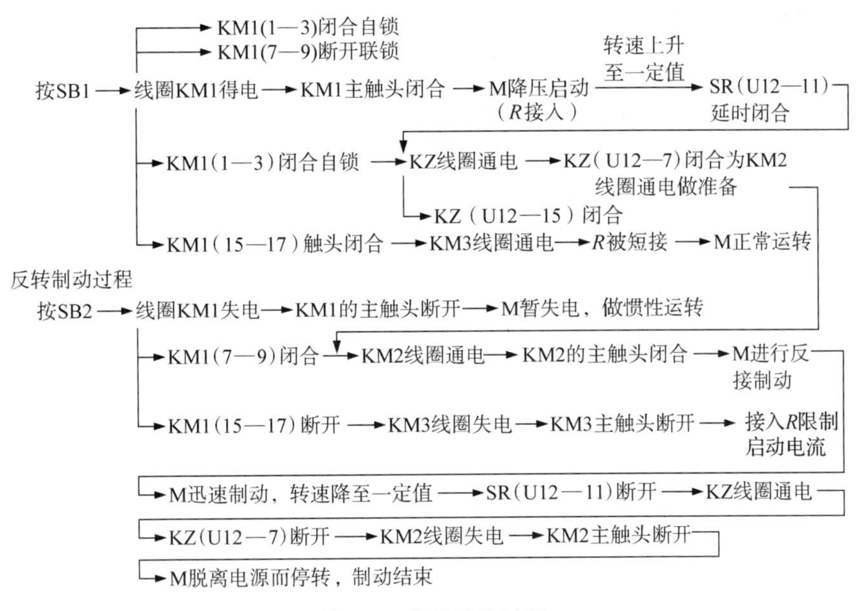

图 8-9　线路动作过程

反接制动的优点是设备简单，调整方便，制动迅速，价格低；缺点是制动冲击大，制动能量损耗大，不宜频繁制动，且制动准确度不高. 反接制动适用于要求制动迅速、系统惯性较大、制动不频繁的场合.

四、检测与调试

经检查接线无误后，操作者可接通交流电源自行操作，若动作过程不符合要求或出现不正常，应进行分析并排除故障，使控制线路能正常工作.

实验八　三相异步电动机能耗制动控制线路

• 无变压器半波整流能耗制动控制线路

一、实验仪器

1. 低压断路器 QS(1 个，DZ47).
2. 螺旋式熔断器 FU1(3 个，RL1-15).
3. 瓷插式熔断器 FU2(2 个，RC1-5A).
4. 交流接触器 KM1、KM2(2 个，CJX2-9/380).
5. 实验按钮 SB1(1 个，LAY3-11，绿色).
6. 实验按钮 SB2(1 个，LAY3-11，红色).

7. 通电延时时间继电器 KT(1 个,JS7-1A).
8. 电阻 R(1 个,90Ω、0.3A).
9. 二极管 D(1 个,2CZ,1000V、5A).
10. 热继电器 FR(1 个,JR-36,整定电流 0.63A).
11. 三相鼠笼式异步电动机 M(1 台).

二、实验电路图

实验电路如图 8-10 所示.

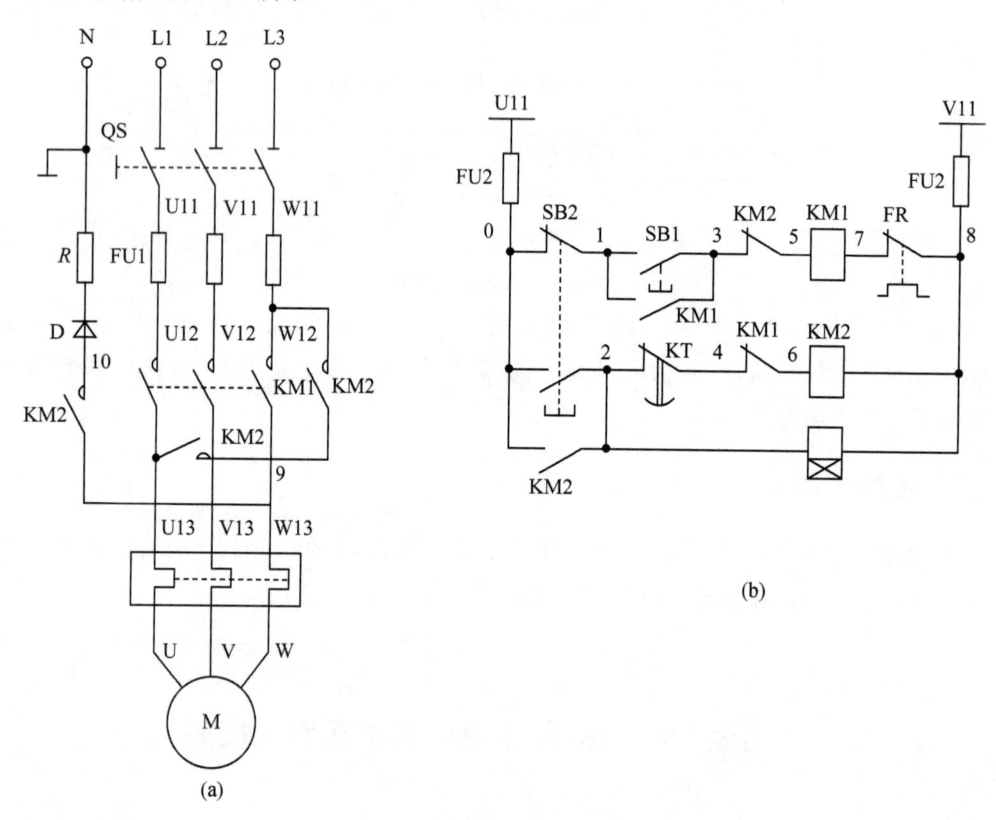

图 8-10 电路图

三、实验原理

该控制线路适用于 10kW 以下的电动机,可以采用半波整流能耗制动自动控制电路,这种线路结构简单,附加设备较少,体积小,采用一只二极管半波整流器作为直流电源.

四、检测与调试

经检查安装牢固与接线无误后,操作者可接通交流电源自行操作,若出现不正常故障,则应分析原因并排除使之正常工作.

• 有变压器全波整流能耗制动控制线路

一、实验仪器

1. 低压断路器 QS(1 个).
2. 螺旋式熔断器 FU1(3 个).
3. 瓷插式熔断器 FU2(2 个).
4. 交流接触器 KM1、KM2(2 个).
5. 按钮 SB1(1 个,绿色).
6. 按钮 SB2(1 个,红色).
7. 通电延时时间继电器 KT(1 个).
8. 可调电阻 R(1 个).
9. 变压器 TC(1 个).
10. 热继电器 FR(1 个).
11. 三相鼠笼式异步电动机 M(1 台).

二、实验电路图

实验电路如图 8-11 所示.

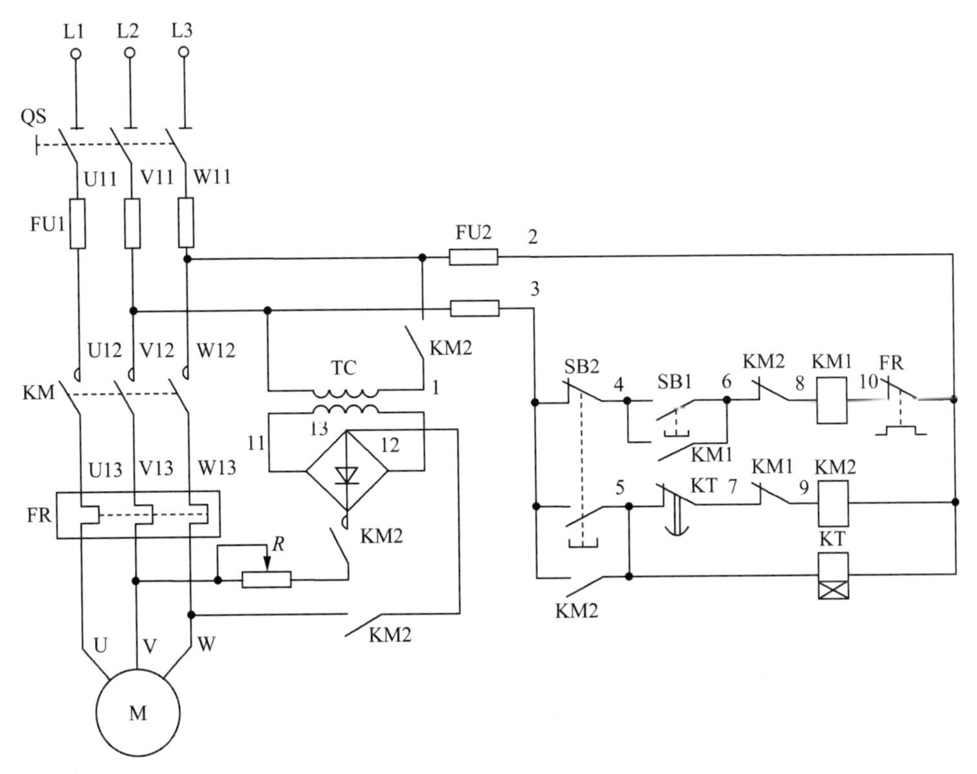

图 8-11　电路图

三、实验原理

该控制线路适用于10kW以上功率较大的电动机能耗制动，控制线路中的直流源由单相桥式整流器供给，电阻R用以调节电流，从而调节制动强度.

这个线路的控制电路部分与无变压器半波整流能耗制动线路的控制电路部分完全相同，工作原理也相同，不同的是主电路.直流电由变压器降压后的单相桥式整流器供给，并可通过调节电阻R改变电流的大小，从而调节制动强度.

能耗制动的优点是制动准确、平衡，能量消耗较少；缺点是须附加直流电源装置，制动力较弱，在低速时，制动转矩小.能耗制动一般用于要求制动平稳、准确的场合，如磨床、立式铣床等控制线路中.

四、检测与调试

经检查安装牢固与接线无误后，接通交流电源，调节R阻值，使能耗制动电流为$I=I_N$及$I=2I_N$，分别观察两种电流下的能耗制动时间.若操作中出现不正常故障，则应进行分析并排除故障，使线路正常工作.（I_N=电动机额定电流）

项目九　气动和液压传动

实验一　液压换向阀和方向控制回路实验

一、实验目的

1. 熟悉 FESTO 气、液、电综合实训台.
2. 熟悉液压泵、液压缸、液压油管等试验元器件.
3. 熟悉 FESTO 仿真软件.
4. 熟悉换向阀及溢流阀的结构和工作原理.
5. 掌握换向阀在方向控制回路中的应用.

二、实验仪器与软件

1. FESTO 气液电控制综合实训台.
2. 液压元器件(双作用液压缸、二位四通手动换向阀、直动型溢流阀).
3. FESTO 仿真软件.

三、实验内容

要求实现液压缸前进与后退两种运动方式，在 FESTO 仿真软件中设计并仿真液压回路，确认无误后采用实验台搭建正确回路进行原理验证.

1. 根据实验说明，设计和画出系统回路图.
2. 选择所需元件.
3. 利用 FESTO 仿真软件搭建回路进行仿真.
4. 将所选用的元件固定在安装板上，最好是按回路图来排列放置元件.
5. 在液压源关闭的条件下，连接液压系统回路.
6. 打开液压泵，查看回路运行是否正确(校验).

实验回路如图 9-1 所示.

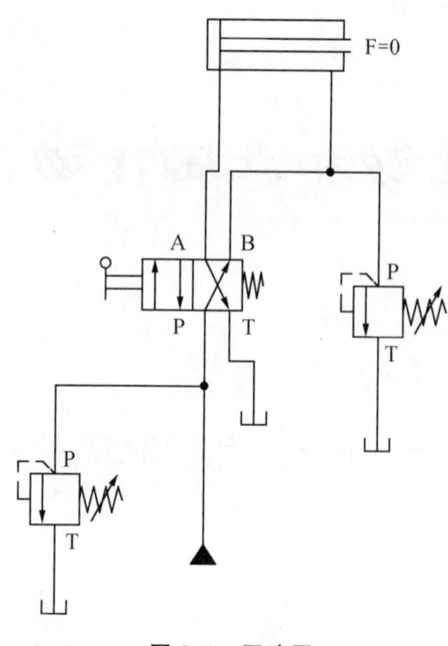

图 9-1 回路图

四、实验报告撰写

实验报告应包含:实验目的、实验条件、实验内容、实验结果.

实验二 压力控制阀和压力控制回路实验

一、实验目的

1. 熟悉 FESTO 气、液、电综合实训台.
2. 熟悉 FESTO 仿真软件.
3. 熟悉直动型溢流阀、先导型溢流阀的结构和工作原理.
4. 掌握典型的差动连接和二级调压方式.

二、实验仪器与软件

1. FESTO 气液电控制综合实训台.
2. 液压元器件(双作用液压缸、二位三通电磁换向阀、三位四通电磁换向阀、二位二通手动换向阀、直动型溢流阀、先导型溢流阀、压力表).
3. FESTO 仿真软件.

三、实验内容

参照回路图(图 9-2),要求液压缸采用差动连接,可实现快慢速转换,控制二位二通手动换向阀可实现二级调压.在 FESTO 仿真软件中设计并仿真液压回路,直动型溢流阀压力设置为 1.5MPa,先导型溢流阀压力设置为 3MPa,求出二位二通手动换向阀接通和关闭时压力表的值.确认无误后采用实验台搭建正确回路进行原理验证.

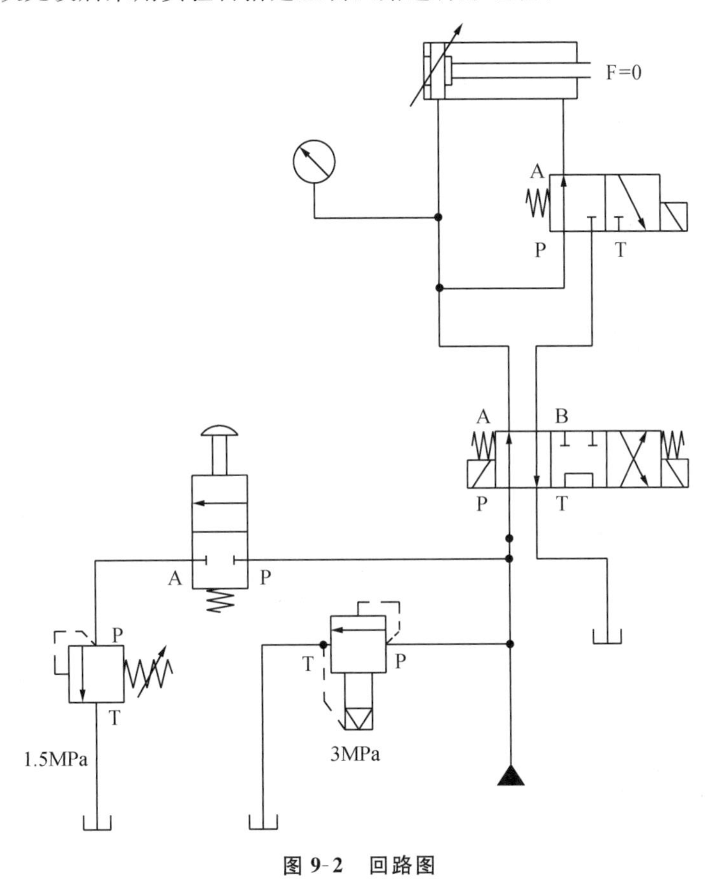

图 9-2　回路图

四、实验报告撰写

实验报告应包含:实验目的、实验条件、实验内容、实验结果(差动连接的运动特性、二位二通手动换向阀接通和关闭时压力表的数值).

实验三　流量控制阀与速度控制回路

一、实验目的

1. 熟悉调速阀的结构和工作原理.

2. 熟悉减压阀的结构和工作原理.

3. 掌握典型的调速回路.

4. 掌握典型的减压回路的应用.

二、实验仪器与软件

1. FESTO 气液电控制综合实训台.

2. 液压元器件(双作用液压缸、单向调速阀、二位四通电磁换向阀、减压阀、溢流阀、压力表).

3. FESTO 仿真软件.

三、实验内容

1. 根据实验说明,在仿真软件中画出系统回路图,观察回路动作时两个压力表读数的变化.

2. 选择所需元件,将所选用的元件固定在安装板上,连接液压系统回路;打开液压泵,查看回路运行是否正确(校验).

实验回路如图 9-3 所示.

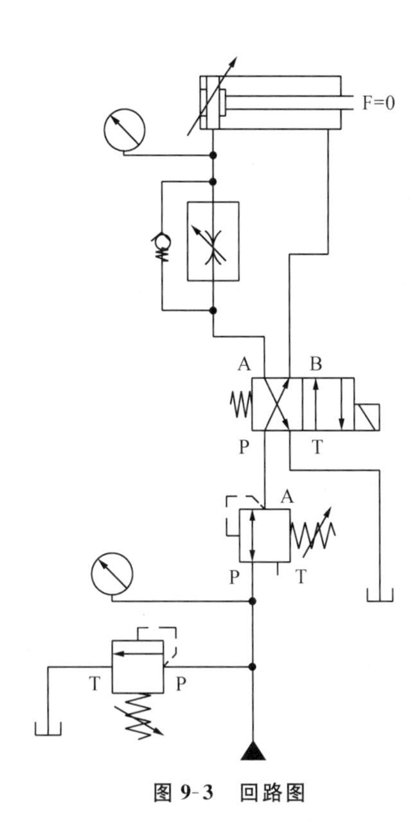

图 9-3　回路图

四、实验报告撰写

实验报告应包含:实验目的、实验条件、实验内容、实验结果(可通过调速阀控制流量大小,从而实现液压缸进给速度可调;减压阀的作用——液压缸最高压力低于液压泵输出最高压力).

实验四　顺序阀与多缸顺序控制回路

一、实验目的

1. 熟悉顺序阀的结构和工作原理.
2. 熟悉减压阀的结构和工作原理.
3. 掌握典型的多缸顺序控制回路的应用.

二、实验仪器与软件

1. FESTO 气液电控制综合实训台.
2. 液压元器件(双作用液压缸、二位四通电磁换向阀、顺序阀、减压阀、溢流阀).

3. FESTO 仿真软件.

三、实验内容

1. 根据实验说明,在仿真软件中画出系统回路图,注意减压阀和顺序阀压力设置,观察回路动作的现象.

2. 选择所需元件,将所选用的元件固定在安装板上,连接液压系统回路;打开液压泵,查看回路运行是否正确(校验).

实验回路如图 9-4 所示.

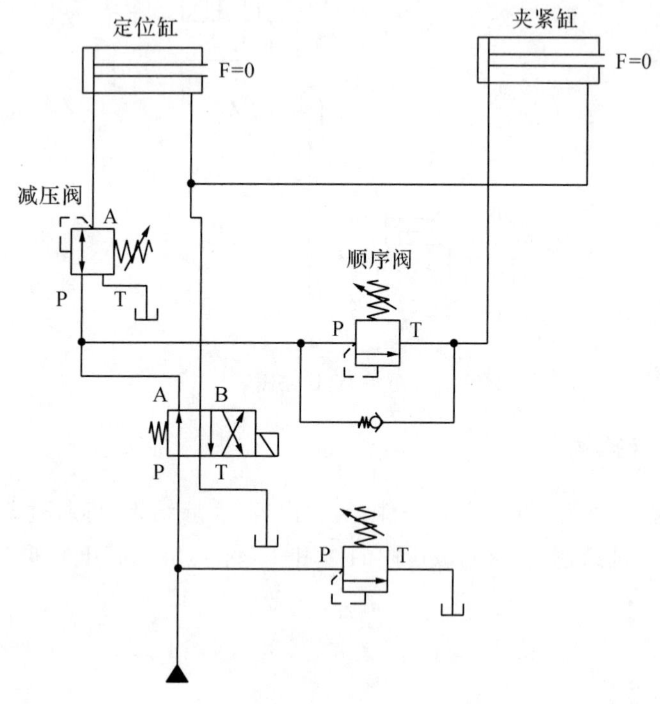

图 9-4 回路图

四、实验报告撰写

实验报告应包含:实验目的、实验条件、实验内容、实验结果(减压阀和顺序阀压力设置关系;回路中两个液压缸的动作顺序).

实验五　气动流量控制阀与速度控制回路

一、实验目的

1. 熟悉气动元件的结构和工作原理.
2. 掌握典型气动回路的连接方法.
3. 掌握气动换向阀工作原理.
4. 掌握气动流量控制阀的工作原理.

二、实验仪器与软件

1. FESTO 气液电控制综合实训台.
2. 气动元器件(双作用气动缸、二位五通气动换向阀、单向节流阀、二位三通手动换向阀).
3. FESTO 仿真软件.

三、实验内容

1. 根据实验说明,在仿真软件中画出系统回路图,观察回路动作的现象.

2. 选择所需元件,将所选用的元件固定在安装板上,连接气动系统回路,查看回路运行是否正确(校验).

实验回路如图 9-5 所示.

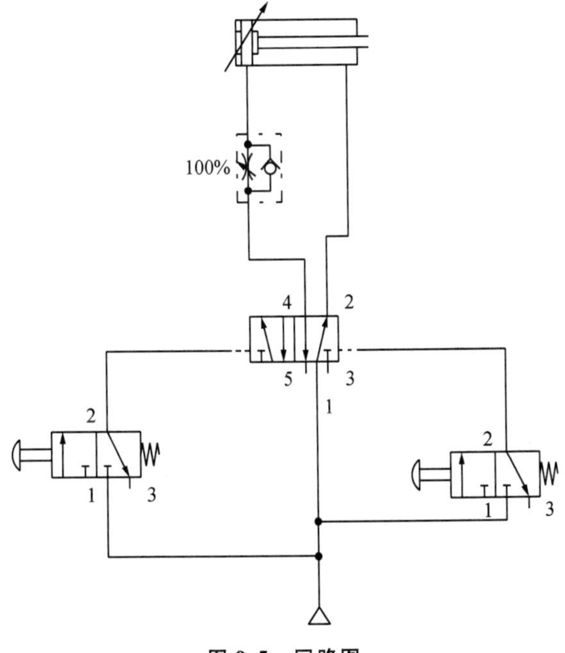

图 9-5　回路图

四、实验报告撰写

实验报告应包含:实验目的、实验条件、实验内容、实验结果[回路动作现象、单向节流阀的作用(控制气缸活塞哪个方向的运动速度)].

实验六 气动压力顺序阀与压力顺序控制回路

一、实验目的

1. 熟悉气动元件的结构和工作原理.
2. 掌握典型气动回路的连接方法.
3. 掌握压力顺序阀的工作原理.
4. 掌握梭阀的工作原理.

二、实验仪器与软件

1. FESTO 气液电控制综合实训台.

2. 气动元器件(双作用气动缸、二位五通气动换向阀、两位三通手动换向阀、梭阀、压力顺序阀).

3. FESTO 仿真软件.

三、实验内容

1. 根据实验说明,在仿真软件中画出系统回路图,调节压力顺序阀的压力以及气源出口压力,观察压力表的读数以及回路动作的现象.

2. 选择所需元件,将所选用的元件固定在安装板上,连接气动系统回路,查看回路运行是否正确(校验).

实验回路如图 9-6 所示.

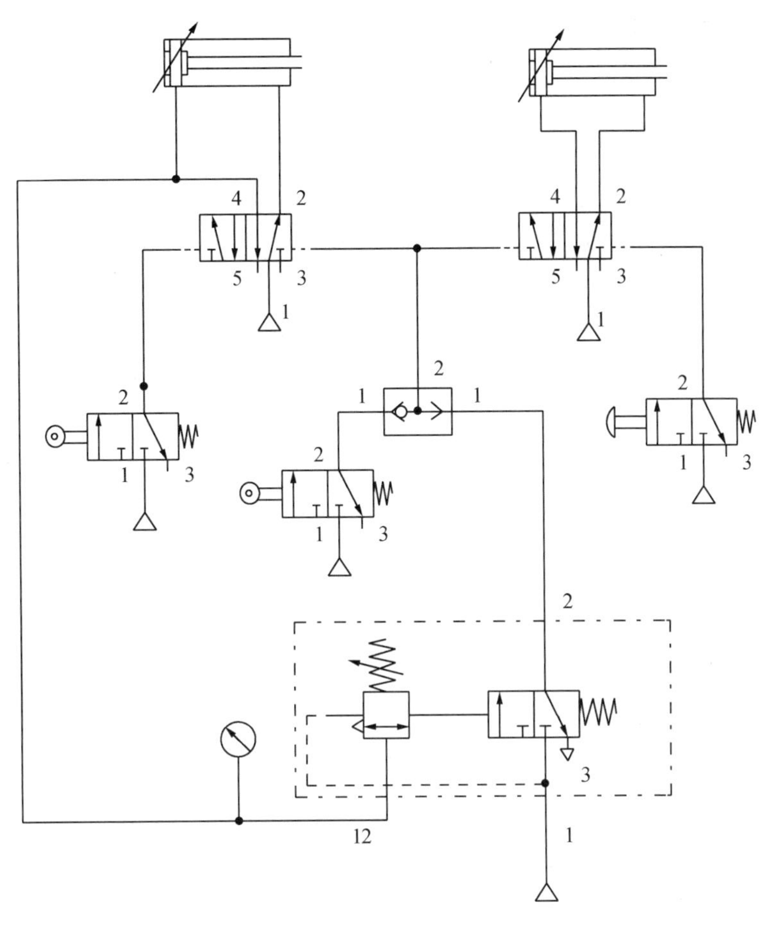

图 9-6　回路图

四、实验报告撰写

实验报告应包含：实验目的、实验条件、实验内容、实验结果（分别写出压力顺序阀的压力＞气源出口压力、压力顺序阀的压力＜气源出口压力时，相应回路动作现象；画出压力顺序阀的职能符号；简述压力顺序阀的工作原理）.

实验七　气动延时阀与时序控制回路

一、实验目的

1. 熟悉气动元件的结构和工作原理.
2. 掌握典型气动回路的连接方法.

3．掌握行程阀的工作原理．

4．掌握延时阀的工作原理．

二、实验仪器与软件

1．FESTO 气液电控制综合实训台．

2．气动元器件(双作用气动缸、二位五通气动换向阀、二位三通手动换向阀、行程阀、延时阀)．

3．FESTO 仿真软件．

三、实验内容

1．根据实验说明，在仿真软件中画出两个系统回路图，观察回路动作的现象．

2．选择所需元件，将所选用的元件固定在安装板上，依次连接两个气动系统回路，查看回路运行是否正确(校验)．

实验回路如图 9-7 所示．

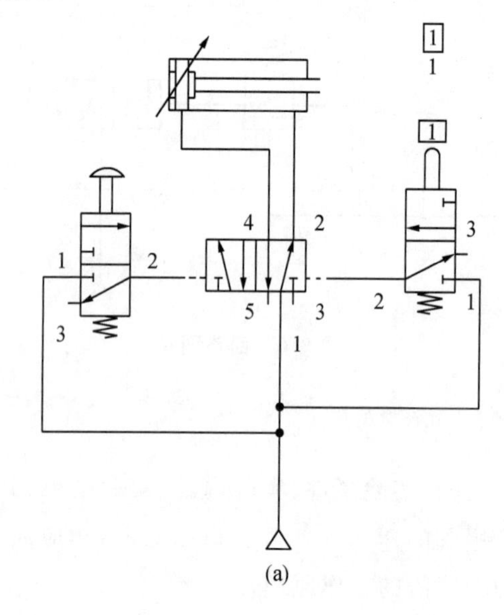

(a)

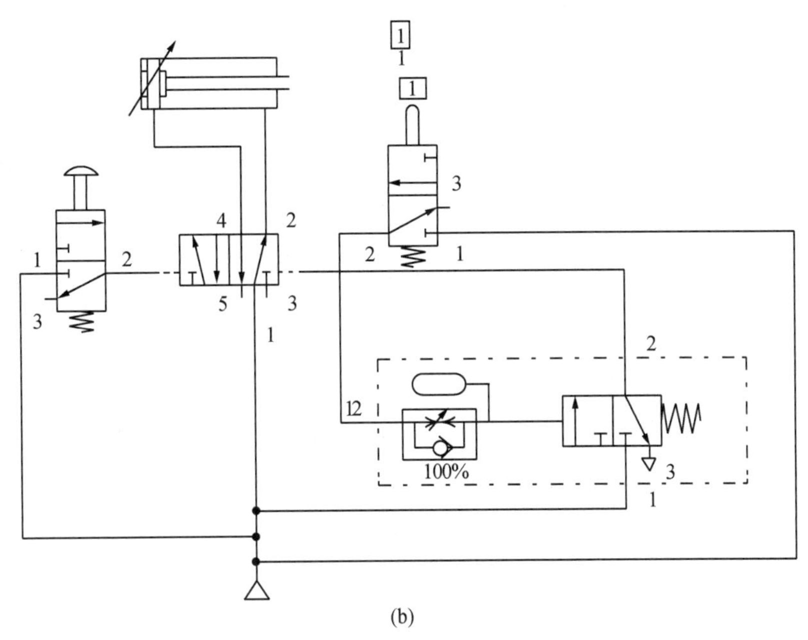

(b)

图 9-7　回路图

四、实验报告撰写

实验报告应包含：实验目的、实验条件、实验内容、实验结果[分别写出(a)、(b)两个回路的动作现象；画出延时阀的职能符号，简述延时阀的工作原理].

实验八　气动多缸回路的顺序控制

一、实验目的

1. 熟悉气动元件的结构和工作原理.
2. 掌握典型气动回路的连接方法.
3. 掌握与门型梭阀、行程阀、延时阀的工作原理.
4. 掌握多缸顺序控制回路的设计方法.

二、实验仪器与软件

1. FESTO 气液电控制综合实训台.

2. 气动元器件(双作用气动缸、二位五通气动换向阀、二位三通换向阀、行程阀、与门型梭阀、延时阀).

3. FESTO 仿真软件.

三、实验内容

1. 根据实验说明，在仿真软件中画出系统回路图，观察回路动作的现象.

2. 选择所需元件，将所选用的元件固定在安装板上，查看回路运行是否正确(校验). 实验回路如图 9-8 所示.

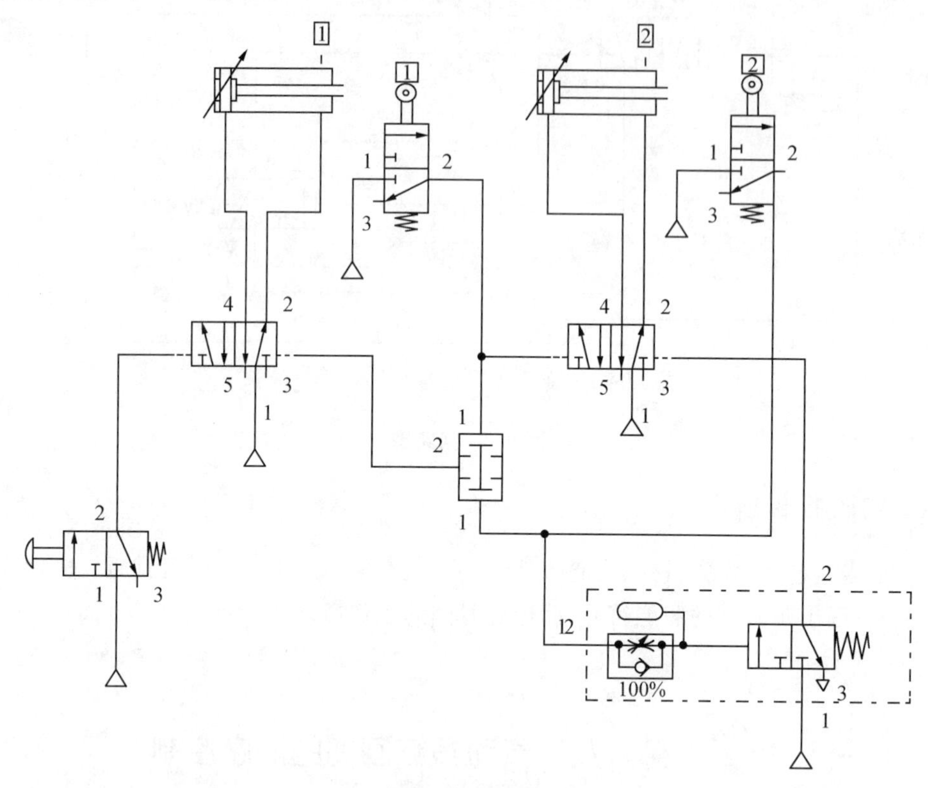

图 9-8 回路图

四、实验报告撰写

实验报告应包含:实验目的、实验条件、实验内容、实验结果(写出回路的动作现象;画出与门型梭阀的职能符号，简述其工作原理).

实验九 简单液压传动与电气控制联合控制系统

一、实验目的

1. 熟悉液压元件的结构和工作原理.

2. 掌握液压回路的连接方法.

3. 掌握电气控制回路的连接方法.

4. 掌握简单液压传动与电气控制联合控制方法.

二、实验仪器与软件

1. FESTO 气液电控制综合实训台.

2. 气动元器件(双作用液压缸、二位四通电磁换向阀、节流阀、溢流阀).

3. FESTO 仿真软件.

三、实验内容

1. 根据实验说明,在仿真软件中画出系统回路图,观察回路动作的现象.

2. 选择所需元件,将所选用的元件固定在安装板上,连接液压回路.

3. 连接电气控制回路,查看回路运行是否正确(校验).

实验回路如图 9-9 所示.

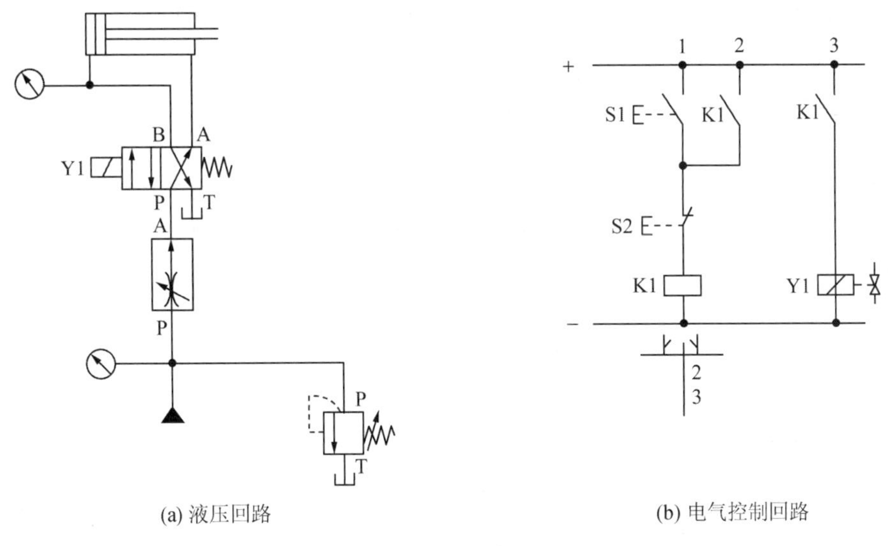

(a) 液压回路　　(b) 电气控制回路

图 9-9　回路图

四、实验报告撰写

实验报告应包含:实验目的、实验条件、实验内容、实验结果[根据回路的动作现象,分析电气控制回路的原理(SB1、SB2 按钮的作用)].

实验十　液压传动与电气控制联合控制系统设计

一、实验目的

1. 熟悉液压元件的结构和工作原理.
2. 掌握液压回路的连接方法.
3. 掌握电气控制回路的连接方法.
4. 掌握简单液压传动与电气控制联合控制系统的设计方法.

二、实验仪器与软件

1. FESTO 气液电控制综合实训台.
2. 气动元器件(双作用液压缸、三位四通电磁换向阀、单向节流阀).
3. FESTO 仿真软件.

三、实验内容

1. 根据实验说明,在仿真软件中画出系统回路图,观察回路动作的现象.
2. 选择所需元件,将所选用的元件固定在安装板上,连接液压回路.
3. 连接电气控制回路,查看回路运行是否正确(校验).

实验回路如图 9-10 所示.

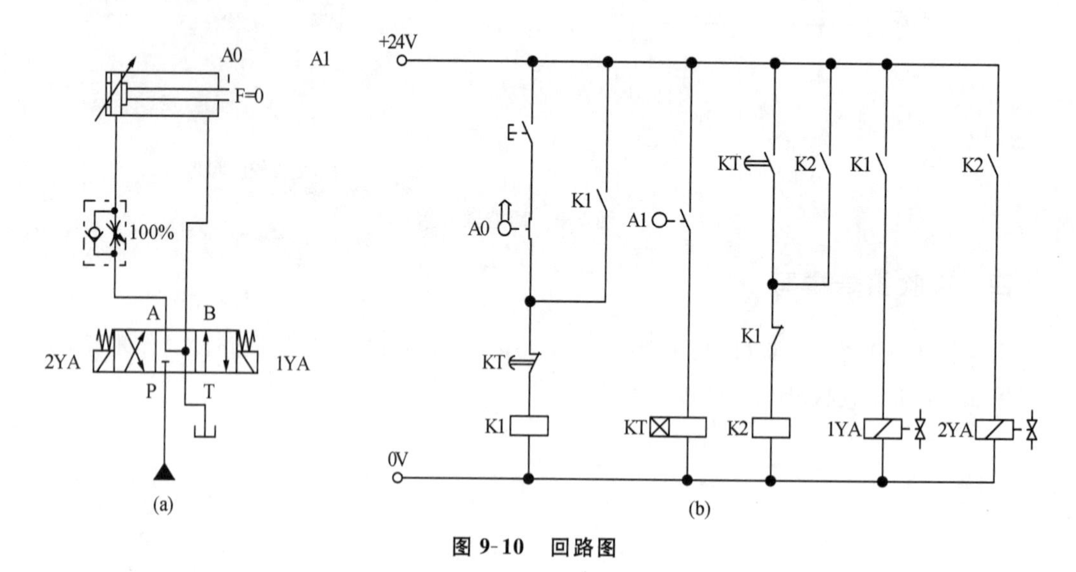

图 9-10　回路图

四、实验报告撰写

实验报告应包含:实验目的、实验条件、实验内容、实验结果(写出回路的动作现象;分析电气控制回路的原理).

实验十一　简单气动传动与电气控制联合控制系统

一、实验目的

1. 熟悉气动元件的结构和工作原理.
2. 掌握气动回路的连接方法.
3. 掌握电气控制回路的连接方法.
4. 掌握简单气动传动与电气控制联合控制方法.

二、实验仪器与软件

1. FESTO气液电控制综合实训台.
2. 气动元器件(根据实验现象分析电气控制回路的原理).
3. FESTO仿真软件.

三、实验内容

1. 根据实验说明,在仿真软件中画出系统回路图,观察回路动作的现象.
2. 选择所需元件,将所选用的元件固定在安装板上,连接液压回路.
3. 连接电气控制回路,查看回路运行是否正确(校验).

实验回路如图9-11所示.

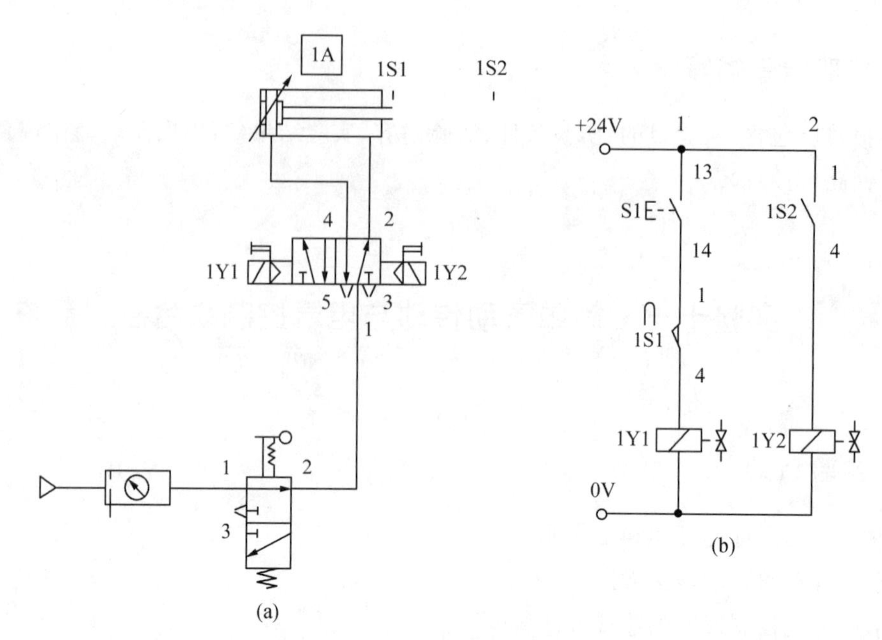

图 9-11 回路图

四、实验报告撰写

实验报告应包含:实验目的、实验条件、实验内容、实验结果.

实验十二 气动传动与电气控制联合控制系统设计

一、实验目的

1. 熟悉气动元件的结构和工作原理.
2. 掌握气动回路的连接方法.
3. 掌握电气控制回路的连接方法.
4. 掌握简单气动传动与电气控制联合控制系统的设计方法.

二、实验仪器与软件

1. FESTO 气液电控制综合实训台.
2. 气动元器件(根据实验现象分析电气控制回路的原理).
3. FESTO 仿真软件.

三、实验内容

1. 根据实验说明,在仿真软件中画出系统回路图,观察回路动作的现象.

2. 选择所需元件，将所选用的元件固定在安装板上，连接液压回路.

3. 连接电气控制回路，查看回路运行是否正确(校验).

实验回路如图 9-12 所示.

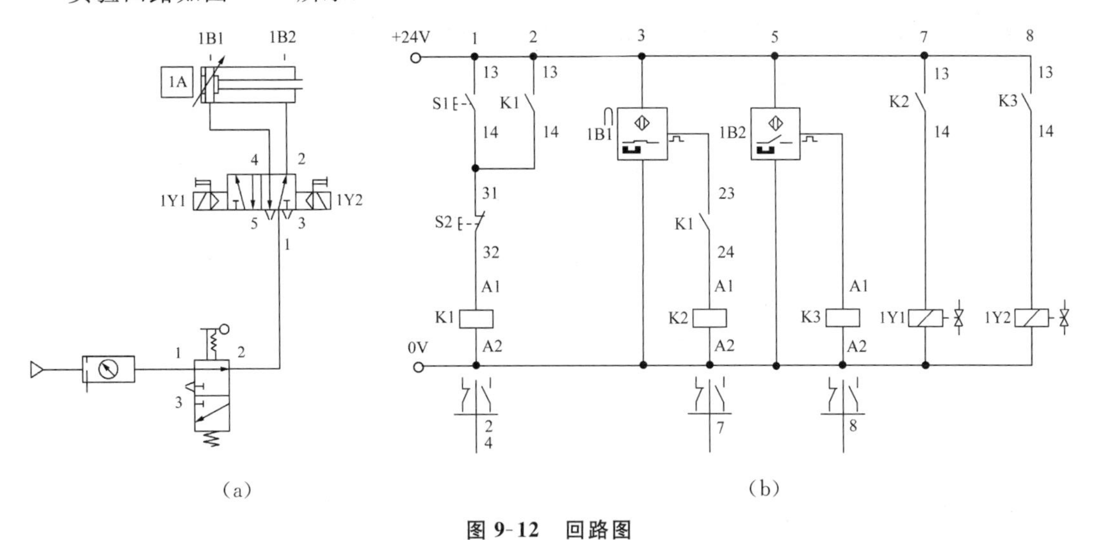

(a)　　(b)

图 9-12　回路图

四、实验报告撰写

实验报告应包含:实验目的、实验条件、实验内容、实验结果.

项目十 自动控制理论

实验一 典型环节的电路模拟与软件仿真

一、实验目的

1. 熟悉并掌握 THBCC-1 型信号与系统·控制理论及计算机控制技术实验平台的结构组成及上位机软件的使用方法.

2. 通过实验进一步了解熟悉各典型环节的模拟电路及其特性,并掌握典型环节的软件仿真研究方法.

3. 测量各典型环节的阶跃响应曲线,了解相关参数的变化对其动态特性的影响.

二、实验仪器

1. THBCC-1 型信号与系统·控制理论及计算机控制技术实验平台.

2. PC(1 台,含上位机软件,37 针通信线 1 根).

3. 双踪慢扫描示波器(1 台,可选).

三、实验内容

1. 设计并构建各典型环节的模拟电路.

2. 测量各典型环节的阶跃响应,并研究参数的变化对其输出响应的影响.

3. 在上位机界面上,填入各典型环节数学模型的实际参数,据此完成对阶跃响应的软件仿真,并与模拟电路测试的结果相比较.

四、实验原理

自控系统是由比例、积分及惯性等环节按一定的关系连接而成的. 熟悉这些环节对分析阶跃输入的响应及分析线性系统是十分有益的.

在本实验附录中介绍了典型环节的传递函数、理论上的阶跃响应曲线和环节的模拟电路图,以供参考.

五、实验步骤

1. 熟悉实验台，利用实验台上的模拟电路单元，构建所设计各典型环节（包括比例、积分、比例积分、比例微分、比例积分微分及惯性环节）的模拟电路（可参考本实验附录）. 待检查电路接线无误后，接通实验台的电源总开关，并开启±5V、±15V 直流稳压电源.

2. 对相关的实验单元的运放进行调零（令运放各输入端接地，调节调零电位器，使其输出端为 0V）.

注意：积分、比例积分、比例积分微分实验中所用到的积分环节单元无须锁零（令积分电容放电）时，须将锁零按钮弹开；使用锁零按扭时须共地，把信号发生器的地和电源地用导线相连.

3. 测试各典型环节的阶跃响应，并研究参数的变化对输出响应的影响.

(1) 不用上位机时，将实验平台上"阶跃信号发生器"单元的输出端与相关电路的输入端相连，选择"正输出"然后按下按钮，产生一个阶跃信号（用万用表测试其输出电压，并调节电位器，使其输出电压为"1"V），用示波器 X-t 显示模式观测该电路的输入与输出曲线. 如果效果不好，须重新做，则只要按一下锁零开关，待电容放电后，实验就可重新开始.

(2) 用上位机时，由上位机提供的虚拟示波器代替步骤(1)中的慢扫描示波器. 接线时还须将该电路的输出端与采集卡接口单元的输入端 AD1（也可选取其他任意输入通道）相连（用双通道时电路的输出端和 AD2 相连），并接好采集卡接口单元与上位 PC 的并口通信线. 待接线完成并检查无误后，上位机启动"THBCC-1"软件，出现"登录"窗口. 具体操作步骤如下.

① 用户在"登录"窗口中输入自己的学号，并单击"登录"按钮（若是第一次登录该软件，则须单击"注册"按钮进行注册，即按要求填入自己的"姓名""学号""系别"和"班级"）进入软件主窗口.

② 单击工具栏上的"实验选择"按钮，选择相应的实验项目.

③ 单击"通道设置"按钮，选择相应的数据采集通道（单通道或双通道），然后单击"开始采集"按钮，进行数据采集.

④ 单击"虚拟示波器"按钮，首先选择 X t 显示模式及相应的数据显示通道（同时须在"虚拟示波器"窗口右侧单击相应的"显示"按钮），然后顺序单击"启动""开始"按钮（若选择双通道则还要单击 Y-t 显示）. 在按下阶跃信号按扭后，即可观测输出的波形. 同时还可改变示波器的显示量程（ms 或 s/dim）及输入波形的放大系数，以便更清晰地观测波形.

⑤ 单击"暂停"后单击"存储"按钮，就可保存实验波形和数据.

4. 点击"仿真平台"按钮，根据环节的传递函数，在"传递函数"栏中填入该环节的相关参数，如比例积分环节的传递函数为

$$G(S)=\frac{U_o(S)}{U_i(S)}=\frac{R_2CS+1}{R_1CS}=\frac{0.1S+1}{0.1S}$$

则在"传递函数"栏的分子中填入"0.1,1"，分母中填入"0.1,0"，单击"仿真"按钮，即可观测

到该环节的仿真曲线，并可与电路模拟研究的结果相比较.

注：仿真实验只针对传递函数的分子阶数小于等于分母阶数的情况，若分子阶数大于分母阶数（如含有微分项的传递函数），则不能进行仿真实验，否则会出错.

5. 单击“实验报告”，根据实验时存储的波形和数据完成实验报告.

六、实验报告要求

1. 画出各典型环节的实验电路图，并注明参数.

2. 写出各典型环节的传递函数.

3. 根据实测的各典型环节单位阶跃响应曲线，分析相应参数的变化对其动态特性的影响.

七、实验思考题

1. 用运放模拟典型环节时，其传递函数是在什么假设条件下近似导出的？

2. 积分环节和惯性环节的主要差别是什么？在什么条件下，惯性环节可以近似地视为积分环节？又在什么条件下，惯性环节可以近似地视为比例环节？

3. 在积分环节和惯性环节的实验中，如何根据单位阶跃响应曲线的波形，确定积分环节和惯性环节的时间常数？

八、附录

1. 比例(P)环节.

比例环节的传递函数为

$$G(S)=\frac{U_o(S)}{U_i(S)}=\frac{R_2CS+1}{R_1CS}=\frac{0.1S+1}{0.1S}$$

对应的方框图如图 10-1 所示.

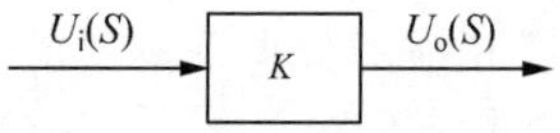

$U_i(S)$ K $U_o(S)$

图 10-1 比例环节的方框图

比例环节的模拟电路（后级为反相器）和单位阶跃响应曲线分别如图 10-2(a)、(b)所示.

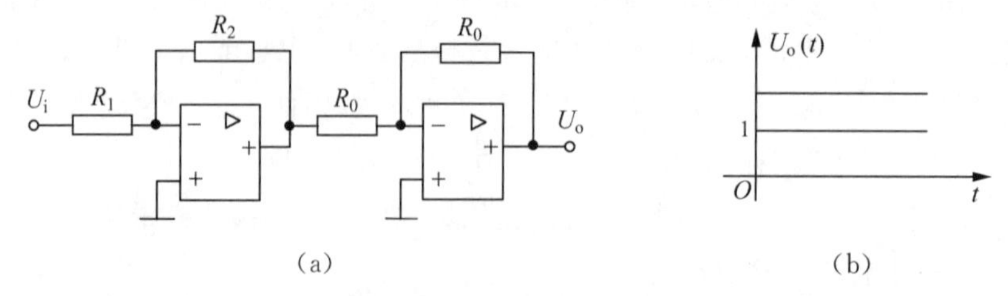

图 10-2 比例环节的模拟电路图和单位阶跃响应曲线

在图 10-1、图 10-2 中，取 $R_1=100\text{k}\Omega$，$R_2=200\text{k}\Omega$，$R_0=200\text{k}\Omega$，$K=\frac{R_2}{R_1}$. 通过改变电路

中 R_1、R_2 的阻值，可改变放大系数.

2. 积分(I)环节.

积分环节的传递函数为

$$G(S)=\frac{U_o(S)}{U_i(S)}=\frac{1}{TS}$$

对应的方框图如图 10-3 所示. 积分环节的模拟电路和单位阶跃响应分别如图 10-4(a)、(b)所示.

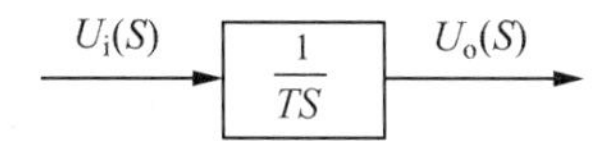

图 10-3 积分环节的方框图

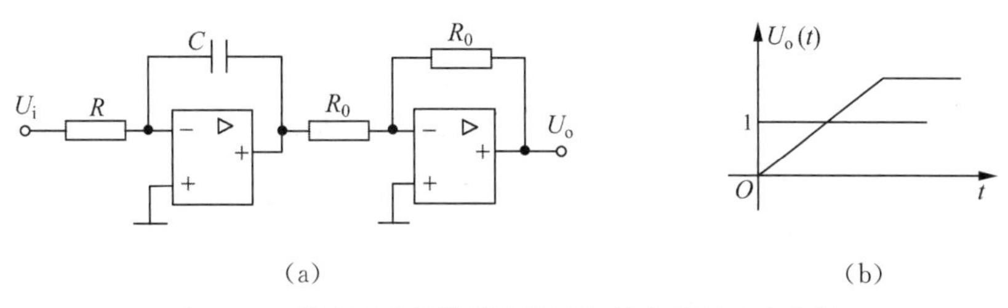

图 10-4 积分环节的模拟电路图和单位阶跃响应曲线

在图 10-3、图 10-4 中，取 $C=10\mu F$，$R=100k\Omega$，$R_0=200k\Omega$，$T=RC$. 通过改变 R、C 的值可改变响应曲线的上升斜率.

3. 比例积分(PI)环节.

比例积分环节的传递函数为

$$G(S)=\frac{U_o(S)}{U_i(S)}=\frac{R_2CS+1}{R_1CS}=\frac{R_2}{R_1}+\frac{1}{R_1CS}=\frac{R_2}{R_1}\left(1+\frac{1}{R_2CS}\right)$$

对应的方框图如图 10-5 所示.

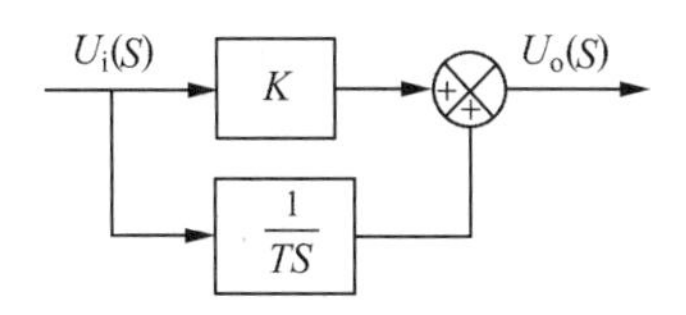

图10-5 比例积分环节的方框图

比例积分环节的模拟电路和单位阶跃响应分别如图 10-6(a)、(b)所示.

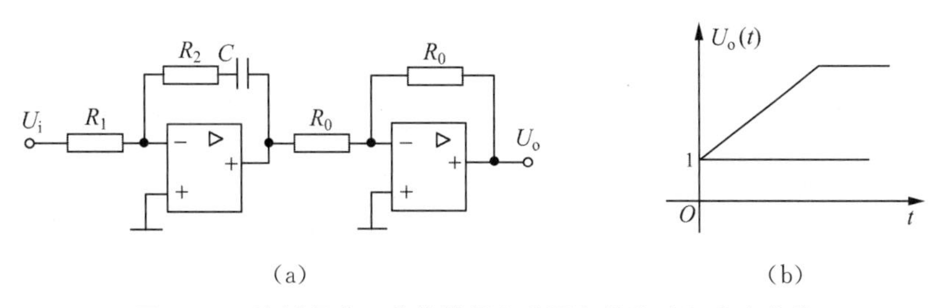

图 10-6 比例积分环节的模拟电路图和单位阶跃响应曲线

在图 10-5、图 10-6 中，$K=\frac{R_2}{R_1}$，$T=R_1C$，取 $C=10\mu F$，$R_1=100k\Omega$，$R_2=100k\Omega$，$R_0=200k\Omega$. 通过改变 R_2、R_1、C 的值可改变比例积分环节的放大系数 K 和积分时间常数 T.

4. 比例微分(PD)环节.

比例微分环节的传递函数为

$$G(S)=K(1+T_dS)=\frac{R_2}{R_1}(1+R_1CS)$$

式中，$K=R_2/R_1$，$T_d=R_1C$. 其方框图如图 10-7 所示.

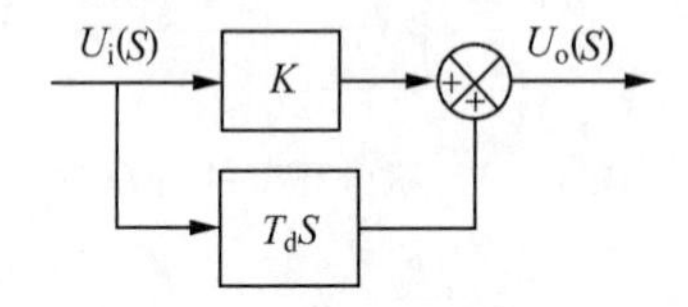

图 10-7　比例微分环节方框图

比例微分环节模拟电路和单位阶跃响应分别如图 10-8(a)、(b)所示.

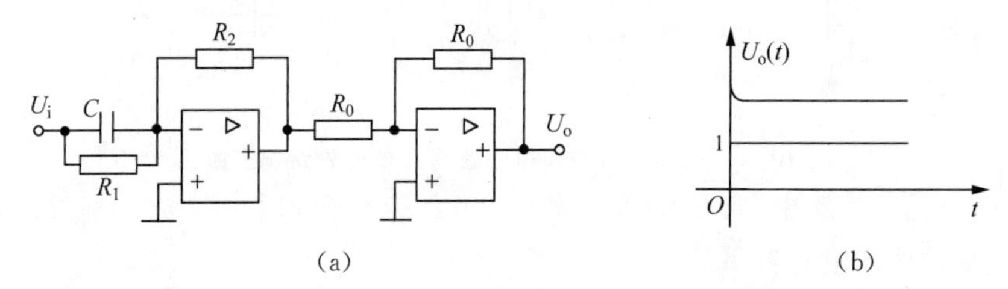

图 10-8　比例微分环节的模拟电路图和单位阶跃响应曲线

在图 10-8 中，取 $C=1\mu F$，$R_1=100k\Omega$，$R_2=200k\Omega$，$R_0=200k\Omega$. 通过改变 R_2、R_1、C 的值可改变比例微分环节的放大系数 K 和微分时间常数 T_d.

5. 比例积分微分(PID)环节.

比例积分微分(PID)环节的传递函数为

$$G(S)=K_p+\frac{1}{T_iS}+T_dS$$

式中，$K_p=\frac{R_1C_1+R_2C_2}{R_1C_2}$，$T_i=R_1C_2$，$T_d=R_2C_1$. 则

$$\begin{aligned}G(S)&=\frac{(R_2C_2S+1)(R_1C_1S+1)}{R_1C_2S}\\&=\frac{R_2C_2+R_1C_1}{R_1C_2}+\frac{1}{R_1C_2S}+R_2C_1S\\&=2+\frac{1}{0.1S}+0.1S(\text{当 } K_p=2, T_i=0.1, T_d=0.1 \text{ 时})\end{aligned}$$

其方框图如图 10-9 所示.

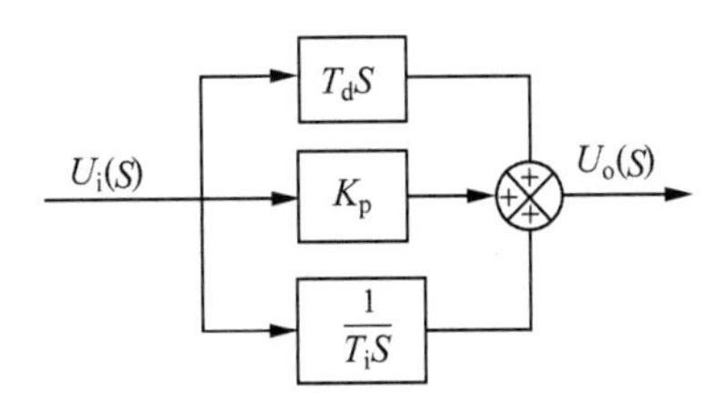

图 10-9　比例积分微分环节方框图

比例积分微分环节模拟电路和单位阶跃响应分别如图 10-10(a)、(b)所示.

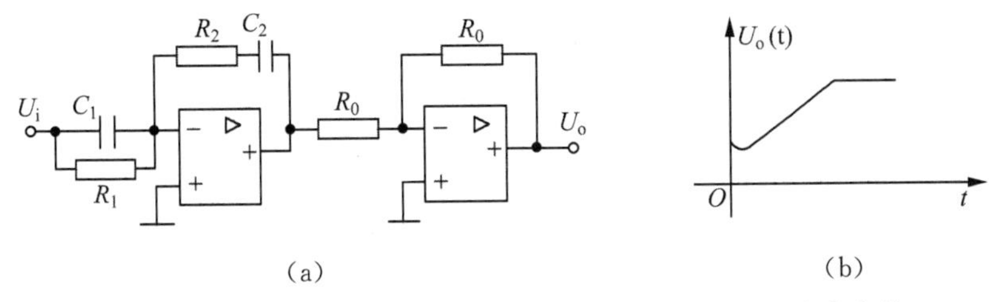

图 10-10　比例积分微分环节的模拟电路图和单位阶跃响应曲线

在图 10-10 中,$C_1=1\mu F$, $C_2=1\mu F$,$R_1=100k\Omega$,$R_2=100k\Omega$, $R_0=200k\Omega$. 通过改变 R_2、R_1、C_1、C_2 的值可改变比例积分微分环节的放大系数 K、微分时间常数 T_d 和积分时间常数 T_i.

6. 惯性环节.

惯性环节的传递函数为

$$G(S)=\frac{U_o(S)}{U_i(S)}=\frac{K}{TS+1}$$

其方框图如图 10-11 所示.

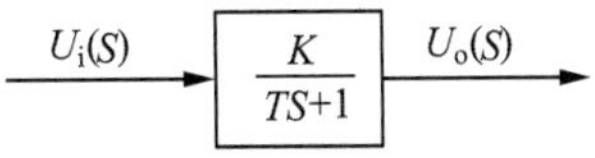

$U_i(S)$ → $\boxed{\frac{K}{TS+1}}$ → $U_o(S)$

图 10-11　惯性环节的方框图

惯性环节的模拟电路和单位阶跃响应分别如图 10-12(a)、(b)所示.

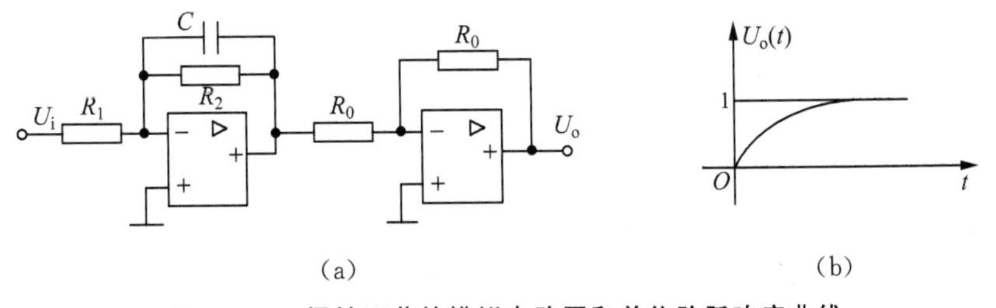

图 10-12　惯性环节的模拟电路图和单位阶跃响应曲线

在图 10-11、图 10-12 中,取 $C=1\mu F$,$R_1=100k\Omega$,$R_2=100k\Omega$, $R_0=200k\Omega$,$K=\frac{R_2}{R_1}$, $T=R_2C$. 通过改变 R_2、R_1、C 的值可改变惯性环节的放大系数 K 和时间常数 T.

实验二　线性定常系统的瞬态响应

一、实验目的

1. 掌握线性定常系统动态性能指标的测试方法.
2. 研究线性定常系统的参数对其动态性能和稳定性的影响.

二、实验设备

1. THBCC-1 型信号与系统·控制理论及计算机控制技术实验平台.
2. PC(1 台,含上位机软件,37 针通信线 1 根).
3. 双踪慢扫描示波器(1 台,可选).

三、实验内容

1. 观测二阶系统的阶跃响应,并测出其超调量和调整时间.

2. 调节二阶系统的开环增益 K,使系统的阻尼比 $\zeta=\frac{1}{\sqrt{2}}$,测出此时系统的超调量和调整时间.

3. 研究三阶系统的开环增益 K,或一个惯性环节的时间常数 T 的变化对系统动态性能的影响.

4. 由实验确定三阶系统稳定的临界 K 值.

四、实验原理

本实验研究二阶和三阶系统的瞬态响应.为了使二阶系统的研究具有普遍性意义,通常把它的闭环传递函数写成如下的标准形式:

$$\frac{C(S)}{R(S)}=\frac{\omega_n^2}{S^2+2\xi\omega_n S+\omega_n^2}$$

式中,ξ 为系统的阻尼比,ω_n 为系统的无阻尼自然频率.任何系统的二阶系统都可以化为上述的标准形式.对于不同的系统,ξ 和 ω_n 的含义也是不同的.

调节系统的开环增益 K,可使系统的阻尼比分别为 $0<\xi<1$、$\xi=1$ 和 $\xi>1$.对应的这三种情况下系统的阶跃响应曲线,在实验中都能观测到,它们分别如本实验附录中图 10-15 所示.

本实验中的三阶系统,其开环传递函数是由两个惯性环节和一个积分环节串联组成的.由控制理论中的劳斯判据可知,调节系统的开环增益 K 和某一个惯性环节的时间常数 T,都会导致系统稳态性能的明显变化.

有关二阶和三阶系统相关参数的理论计算和实验系统的模拟电路请参阅附录.

五、实验步骤

1. 利用实验平台上的模拟电路单元,设计(具体可参考本实验附录的图 10-14)一个由积分环节(积分环节锁零端的使用请参考实验一的相关步骤)和惯性环节串联组成的二阶闭环系统的模拟电路. 待电路接线检查无误后,接通实验平台的电源总开关,并开启±5V、±15V直流稳压电源.

2. 利用示波器(慢扫描示波器或虚拟示波器)观测二阶模拟电路的阶跃响应特性,并测出其超调量和调整时间.

3. 改变二阶系统模拟电路的开环增益 K,观测当阻尼比 ξ 为不同值时系统的动态性能.

4. 利用实验平台上的模拟电路单元,设计(具体可参考本实验附录的图 10-17)一个由积分环节和两个惯性环节组成的三阶闭环系统的模拟电路.

5. 利用示波器观测三阶模拟电路的阶跃响应特性,并测出其超调量和调整时间.

6. 改变三阶系统模拟电路的开环增益 K,观测增益 K 的变化对系统动态性能和稳定性的影响.

7. 利用上位机界面提供的软件仿真功能,完成上述两个典型线性定常系统的动态性能研究,并与模拟电路的研究结果相比较.

注意:本实验步骤 2 与 5 的具体操作方法,参阅实验一中的实验步骤 3;本实验步骤 7 的具体操作方法,参阅实验一中的实验步骤 4.

六、实验报告要求

1. 根据本实验附录中的图 10-13 和图 10-14 画出对应的二阶和三阶线性定常系统的实验电路图,写出它们的闭环传递函数,并标明电路中的各参数.

2. 根据测得的系统单位阶跃响应曲线,分析开环增益 K 和时间常数 T 对系统动态特性及稳定性的影响.

3. 设计一个一阶线性定常闭环系统,并根据系统的阶跃输入响应确定该系统的时间常数.

七、实验思考题

1. 如果阶跃输入信号的幅值过大,会在实验中产生什么后果?

2. 在电路模拟系统中,如何实现负反馈和单位负反馈?

3. 为什么本实验中二阶及三阶系统对阶跃输入信号的稳态误差都为零?

4. 三阶系统中,为使系统能稳定工作,开环增益 K 应适量取大还是取小?

5. 系统中的小惯性环节和大惯性环节哪个对系统稳定性的影响大,为什么?

八、附录

1. 典型二阶系统.

典型二阶系统的方框图如图 10-13 所示.

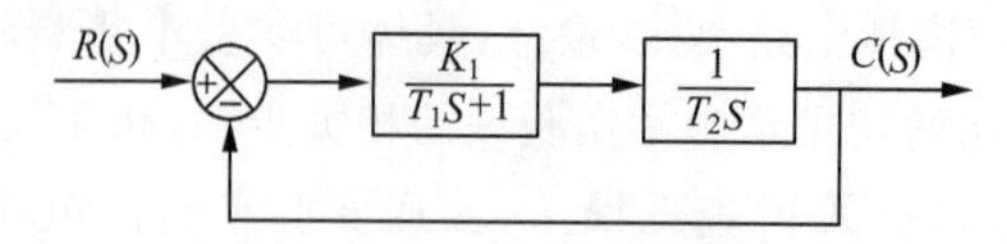

图 10-13　二阶系统的方框图

系统开环传递函数为

$$G(S)=\frac{K}{S(T_1S+1)}$$

式中，$K=\frac{K_1}{T_2}$.

系统闭环传递函数为

$$W(S)=\frac{\frac{K}{T_1}}{S^2+\frac{1}{T_1}S+\frac{K}{T_1}}=\frac{\omega_n^2}{S^2+2\xi\omega_nS+\omega_n^2}$$

所以有

$$\omega_n=\sqrt{\frac{K_1}{T_1T_2}},\xi=\frac{1}{2}\sqrt{\frac{T_2}{K_1T_1}}$$

系统的模拟电路如图 10-14 所示，图中 $C_1=1\mu F$，$C_2=10\mu F$，$R_1=100k\Omega$，$R_2=100k\Omega$，$R_0=200k\Omega$，R_x 阻值可调范围为 0～100kΩ. 不同 ξ 时系统的单位阶跃响应分别如图 10-15 所示，它们对应于二阶系统在欠阻尼、临界阻尼和过阻尼三种情况下的阶跃响应曲线.

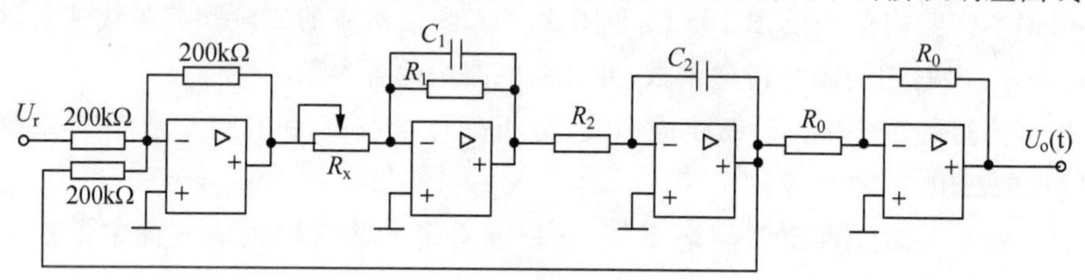

图 10-14　二阶系统的模拟电路图

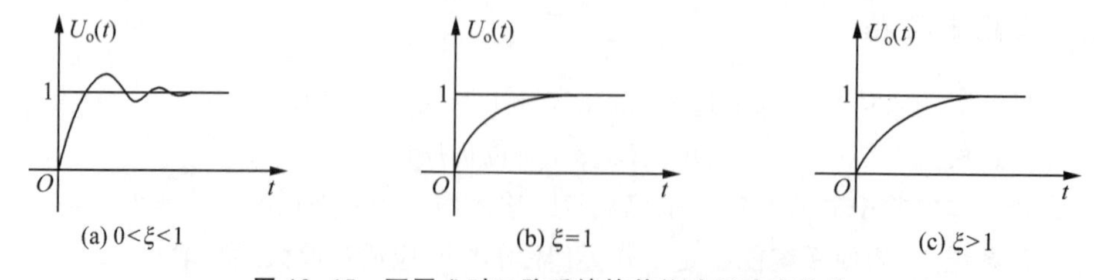

图 10-15　不同 ξ 时二阶系统的单位阶跃响应曲线

改变图 10-14 中电位器 R_x 的大小，就能看到系统在不同阻尼比 ξ 时的时域响应特性，其中：

$R_x=20\text{k}\Omega$ 时，$\xi=1$；

$R_x=10\text{k}\Omega$ 时，$0<\xi<1$；

$R_x=30\text{k}\Omega$ 时，$\xi>1$.

2. 典型三阶系统.

典型三阶系统的方框图如图 10-16 所示.

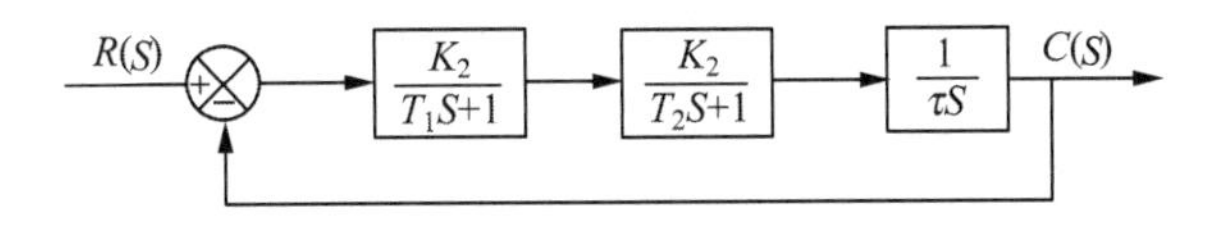

图 10-16　三阶系统的方框图

系统开环传递函数为

$$G(S)=\frac{K}{S(T_1S+1)(T_2S+1)}=\frac{\frac{K_1K_2}{\tau}}{S(0.1S+1)(0.5S+1)}$$

式中，$\tau=1\text{s}$，$T_1=0.1\text{s}$，$T_2=0.5\text{s}$，$K=\frac{K_1K_2}{\tau}$，$K_1=1$，$K_2=\frac{500}{R_x}$（R_x 单位为 kΩ），改变 R_x 的阻值，就可改变系统的开环增益 K.

图 10-17 为典型三阶系统的模拟电路图.

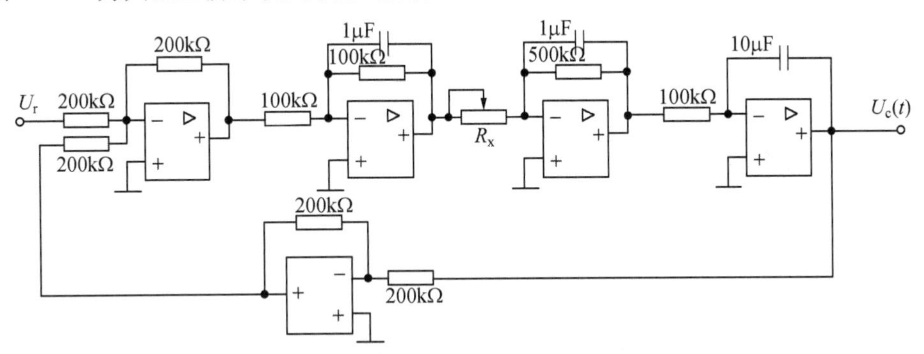

图 10-17　三阶系统的模拟电路图

由开环传递函数求得系统的特征方程为

$$S^3+12S^2+20S+20K=0$$

由劳斯判据得：

$0<K<12$（如 $R_x=100\text{k}\Omega$）时，系统稳定；

$K=12$（如 $R_x=49\text{k}\Omega$）时，系统临界稳定；

$K>12$（如 $R_x=30\text{k}\Omega$）时，系统不稳定.

改变电阻 R_x 的值，可使系统运行在三种不同的状态下. 如图 10-18(a)、(b)、(c)所示分别描述了系统为不稳定、临界稳定和稳定三种情况下的曲线.

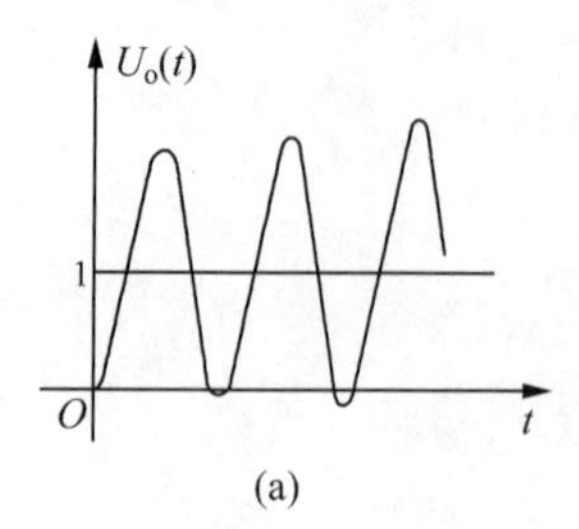

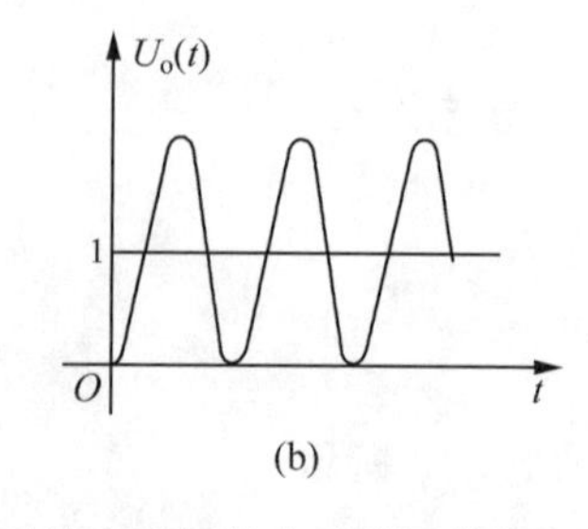

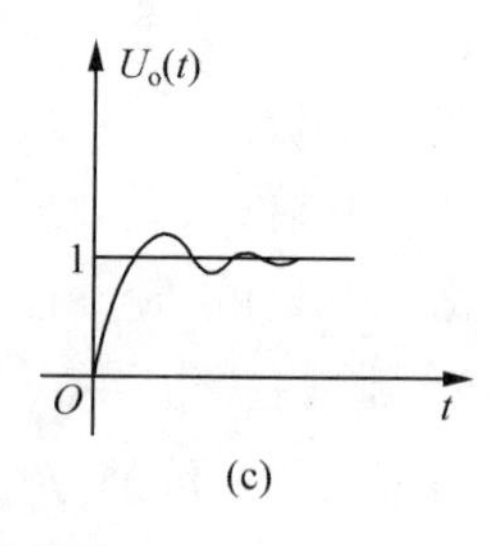

图 10-18 三阶系统在不同放大系数下的单位阶跃响应曲线

实验三 线性系统稳态误差的研究

一、实验目的

1. 熟悉不同的典型输入信号对于同一个系统所产生的稳态误差.
2. 了解一个典型输入信号对不同类型系统所产生的稳态误差.
3. 研究系统的开环增益 K 对系统稳态误差的影响.

二、实验仪器

1. THBCC-1 型信号与系统·控制理论及计算机控制技术实验平台.
2. PC(1 台,含上位机软件,37 针通信线 1 根).
3. 双踪慢扫描示波器(1 台,可选).

三、实验内容

1. 观测 0 型二阶系统的单位阶跃和斜坡响应,并测出它们对应的稳态误差.
2. 观测Ⅰ型二阶系统的单位阶跃和斜坡响应,并测出它们对应的稳态误差.
3. 观测Ⅱ型二阶系统的单位斜坡和抛物线响应,并测出它们对应的稳态误差.

四、实验原理

图 10-19 为控制系统的方框图.

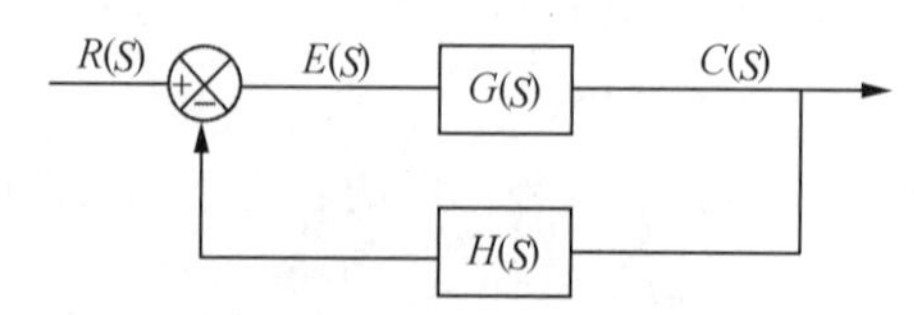

图 10-19 控制系统的方框图

该系统的误差 $E(S)$ 的表达式为

$$E(S)=\frac{R(S)}{1+G(S)H(S)}$$

式中，$G(S)$和$H(S)$分别为系统前向通道和反馈通道中的传递函数.由上式可知，系统的误差不仅与其结构参数有关，而且也与其输入信号$R(S)$的大小和形式有关.本实验就是研究系统的稳态误差与上述因素间的关系.

有关0型、Ⅰ型和Ⅱ型系统跟踪不同的输入信号时稳态误差的理论计算及其实验参考模拟电路，参见本实验附录.

五、实验步骤

1. 利用实验平台上的模拟电路单元，设计(具体可参考本实验附录中的图10-21，观测波形时在输出端可以加入反相器进行观测)一个由两个惯性环节组成的0型二阶闭环系统的模拟电路.待电路接线检查无误后，接通实验平台的电源总开关，并开启±5V、±15V直流稳压电源.

2. 利用示波器(慢扫描示波器或虚拟示波器)观测0型二阶模拟电路的阶跃特性，并测出其稳态误差.

3. 利用示波器观测0型二阶模拟电路的斜坡响应曲线，据此确定其稳态误差.

4. 参考实验步骤1、2、3，设计(具体可参考本实验附录中的图10-24，观测波形时在输出端可以加入反相器进行观测)一个由一个积分环节和一个惯性环节组成的Ⅰ型二阶闭环系统的模拟电路.用示波器观测该系统的阶跃特性和斜坡特性，并分别测出其相应的稳态误差.

5. 参考实验步骤1、2、3，设计(具体可参考本实验附录中的图10-26，观测波形时在输出端可以加入反相器进行观测)一个由两个积分环节和一个比例微分环节组成的Ⅱ型二阶闭环系统的模拟电路.用示波器观测该系统的斜坡特性和抛物线特性，并分别测出其稳态误差.

注意：实验步骤2、3、4、5中的具体操作方法，参阅实验一中的实验步骤3.本实验所用的阶跃信号、斜坡信号可由实验平台的函数信号发生器或上位机软件的信号发生器或VBS脚本编辑器编程产生，但抛物线信号必须由上位机软件的信号发生器或VBS脚本编辑器编程产生.上位机软件的信号发生器的使用方法是：打开信号发生器的界面选择相应的波形和需要的参数后单击“ON”，上位机软件的信号发生器或VBS脚本编辑器编程由DA1输出.

六、实验报告要求

1. 画出0型二阶系统的方框图和模拟电路图，并由实验测得系统在输入为单位阶跃和单位斜坡信号时的稳态误差.

2. 画出Ⅰ型二阶系统的方框图和模拟电路图，并由实验测得系统在输入为单位阶跃和单位斜坡信号时的稳态误差.

3. 画出Ⅱ型二阶系统的方框图和模拟电路图，并由实验测得系统在单位斜坡和单位抛物线函数作用下的稳态误差.

七、实验思考题

1. 为什么0型系统不能跟踪斜坡输入信号?

2. 为什么0型系统在输入阶跃信号时一定有误差存在?

3. 为使系统的稳态误差减小,系统的开环增益应取大些还是小些?

4. 解释系统的动态性能和稳态精度对开环增益 K 的要求是相矛盾的. 在控制工程中如何解决这对矛盾?

八、附录

1. 0型二阶系统.

0型二阶系统的方框图如图10-20所示,其模拟电路图如图10-21所示.

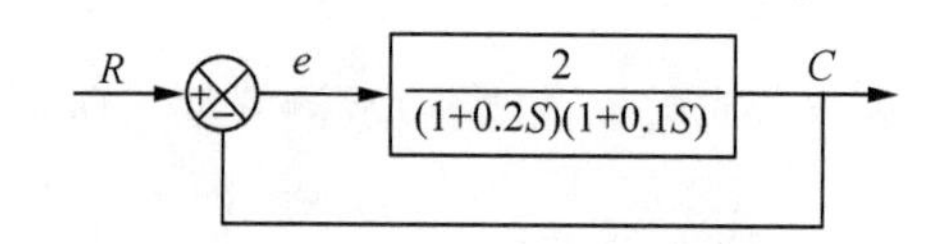

图10-20 0型二阶系统的方框图

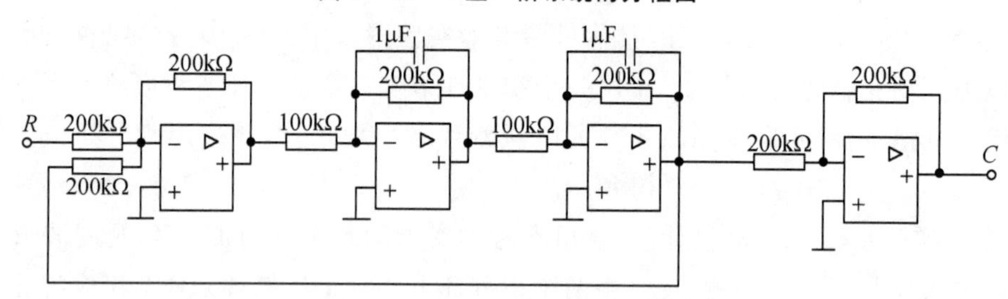

图10-21 0型二阶系统的模拟电路图

(1) 单位阶跃输入.

因为

$$E(S)=\frac{R(S)}{1+G(S)}$$

所以

$$e_{ss}=\lim_{S\to 0}S\times\frac{(1+0.2S)(1+0.1S)}{(1+0.2S)(1+0.1S)+2}\times\frac{1}{S}=0.3$$

(2) 单位斜坡输入.

$$e_{ss}=\lim_{S\to 0}S\times\frac{(1+0.2S)(1+0.1S)}{(1+0.2S)(1+0.1S)+2}\times\frac{1}{S^2}=\infty$$

说明0型系统不能跟踪斜坡输入信号,而对于单位阶跃输入有稳态误差. 实验波形分别如图10-22中(a)、(b)所示,其中图(b)中的 R 为单位斜坡输入信号,C 为输出信号.

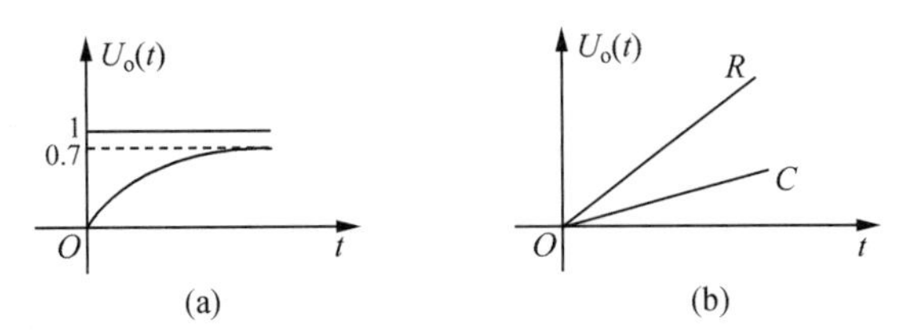

图 10-22　0 型二阶系统对于单位阶跃和单位斜坡输入的响应曲线

2. Ⅰ型二阶系统.

Ⅰ型二阶系统的方框图如图 10-23 所示，其模拟电路图如图 10-24 所示.

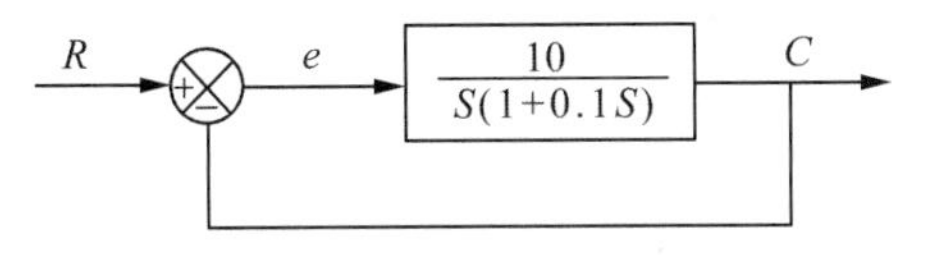

图 10-23　Ⅰ型二阶系统的方框图

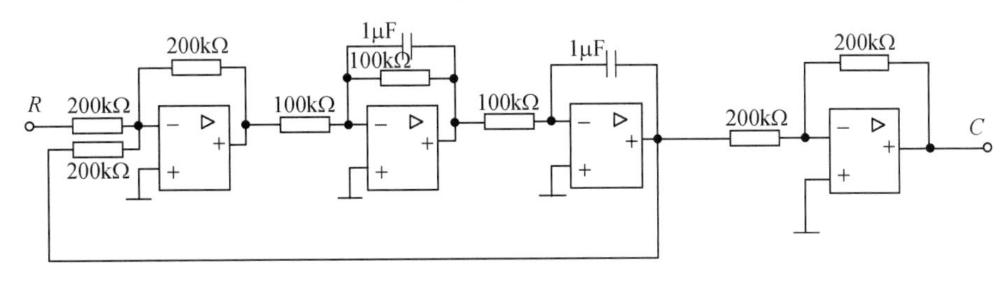

图 10-24　Ⅰ型二阶系统的模拟电路图

(1) 单位阶跃输入.

因为

$$E(S)=\frac{R(S)}{1+G(S)}=\frac{S(1+0.1S)}{S(1+0.1S)+10}\times\frac{1}{S}$$

所以

$$e_{ss}=\lim_{S\to 0}S\times\frac{S(1+0.1S)}{S(1+0.1S)+10}\times\frac{1}{S}=0$$

(2) 单位斜坡输入.

$$e_{ss}=\lim_{S\to 0}S\times\frac{S(1+0.1S)}{S(1+0.1S)+10}\times\frac{1}{S^2}=0.1$$

对于单位阶跃输入，Ⅰ型系统稳态误差为零；对于单位斜坡输入，Ⅰ型系统稳态误差为 0.1.

3. Ⅱ型二阶系统.

Ⅱ型二阶系统的方框图如图 10-25 所示，其模拟电路图如图 10-26 所示.

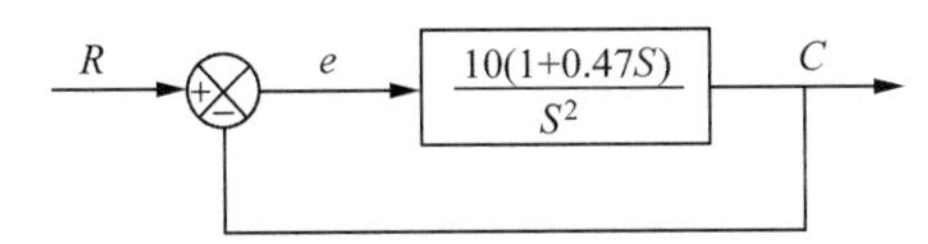

图 10-25　Ⅱ型二阶系统的方框图

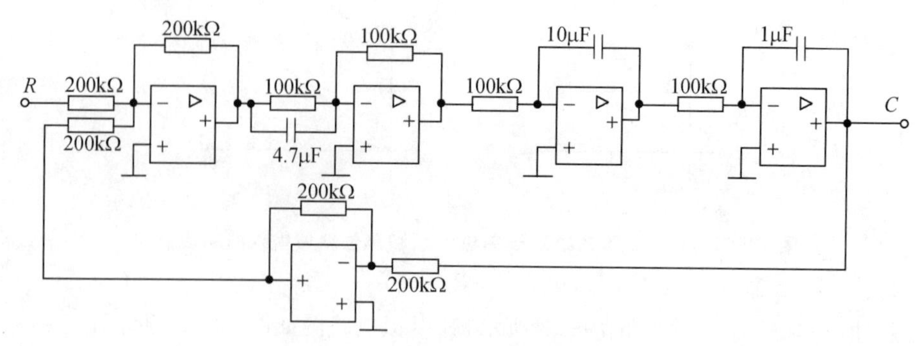

图 10-26 Ⅱ型二阶系统的模拟电路图

(1) 单位斜坡输入.

因为

$$E(S)=\frac{R(S)}{1+G(S)}=\frac{S^2}{S^2+10(1+0.47S)}\times\frac{1}{S^2}$$

所以

$$e_{ss}=\lim_{S\to 0}S\times\frac{S^2}{S^2+10(1+0.47S)}\times\frac{1}{S^2}=0$$

(2) 单位抛物线输入.

$$e_{ss}=\lim_{S\to 0}S\times\frac{S^2}{S^2+10(1+0.47S)}\times\frac{1}{S^3}=0.1$$

对于单位斜坡输入，Ⅱ型系统稳态误差为零；而对于单位抛物线输入，Ⅱ型系统稳态误差为 0.1.

实验四 典型环节和系统频率特性的测量

一、实验目的

1. 了解典型环节和系统的频率特性曲线的测试方法.
2. 根据实验求得的频率特性曲线求传递函数.

二、实验仪器

1. THBCC-1 型信号与系统·控制理论及计算机控制技术实验平台.
2. PC(1 台，含上位机软件，37 针通信线 1 根).
3. 双踪慢扫描示波器(1 台，可选).

三、实验内容

1. 惯性环节的频率特性测试.

2. 二阶系统频率特性测试.

3. 无源滞后-超前校正网络的频率特性测试.

4. 由实验测得的频率特性曲线,求相应的传递函数.

5. 用软件仿真的方法,求惯性环节和二阶系统的频率特性.

四、实验原理

设 $G(S)$为一最小相位系统(环节)的传递函数. 如在它的输入端施加一幅值为 X_m、频率为 ω 的正弦信号,则系统的稳态输出为

$$y=Y_m\sin(\omega t+\varphi)=X_m|G(j\omega)|\sin(\omega t+\varphi) \quad ①$$

由式①得出系统的输出、输入信号的幅值比为

$$\frac{Y_m}{X_m}=\frac{X_m|G(j\omega)|}{X_m}=|G(j\omega)| \quad ②$$

显然,$|G(j\omega)|$是输入 $X(t)$频率的函数,故称其为幅频特性. 如用 dB(分贝)表示幅频值的大小,则式②可改写为

$$L(\omega)=20\lg|G(j\omega)|=20\lg\frac{Y_m}{X_m} \quad ③$$

在实验时,只要改变输入信号频率 ω 的大小(幅值不变),就能测得相应输出信号的幅值 Y_m,代入上式,就可计算出该频率下的对数幅频值. 根据实验作出被测系统(环节)的对数幅频曲线,就能对该系统(环节)的数学模型做出估计.

关于被测环节和系统的模拟电路图,参见本实验附录.

五、实验步骤

1. 熟悉实验平台上的低频函数信号发生器,掌握改变正弦波信号幅值和频率的方法. 利用实验平台上的模拟电路单元,设计一个惯性环节(可参考本实验附录的图 10-29)的模拟电路. 待电路接线检查无误后,接通实验平台的电源总开关,并开启±5V、±15V 直流稳压电源.

2. 惯性环节频率特性曲线的测试.

(1) 不用上位机时,把低频函数信号发生器的输出端与惯性环节的输入端相连,当低频函数信号发生器输出一个幅值恒定的正弦信号时,便可用示波器观测该环节的输入与输出波形的幅值. 随着正弦信号频率的不断改变,便可测得不同频率时惯性环节输出的增益和相位(可用利萨如图形),从而画出环节的频率特性.

(2) 用上位机时,可利用上位机提供的虚拟示波器与信号发生器的功能定性地测得惯性环节的幅频特性. 接线时把采集卡接口单元中输出端 DA1 与惯性环节的输入端相连,环节的输出端则与采集卡接口单元中的输入端 AD1 相连,并接好采集卡接口单元与 PC 上位机的并口通信线. 待接线完成并检查无误后,在上位机启动"THBCC-1"软件,其具体操作步骤如下.

① 在"登录"窗口中输入学号,并单击"登录"按钮进入软件主窗口.

② 单击工具栏上的“实验选择”按钮，选择相应的实验项目.

③ 单击 “通道设置”按钮，选择相应的数据采集通道，然后单击“开始采集”按钮，进行数据采集.

④ 单击“虚拟示波器”按钮，选择“Bode”图显示模式，然后依次单击“启动”“开始”按钮.

⑤ 单击 “信号发生器”按钮，选择“正弦波信号”，并设置好信号幅值，然后单击“扫频输出”(频率范围为 0.1～20Hz)及“ON”按钮，即可观测环节的幅频特性.

注:④与⑤操作顺序不可颠倒.

⑥ 单击“暂停”及“存储”按钮，保存实验波形.

3. 利用实验平台上的模拟电路单元，设计一个二阶闭环系统(可参考本实验附录的图 10-32)的模拟电路. 完成二阶系统闭环频率特性曲线的测试，据此求其传递函数. 具体的操作步骤参考本实验步骤 2.

4. 单击“仿真平台”按钮，根据环节的传递函数在“传递函数”栏中填入该电路的实际传递函数参数，观测该电路的仿真曲线(Bode 图)，并与电路模拟研究的结果相比较.

5. 单击“实验报告”，根据实验时存储的波形完成实验报告.

六、实验报告要求

1. 写出被测环节和系统的传递函数，并画出相应的模拟电路图.

2. 不用上位机实验时，把实验测得的数据和理论计算数据分别列表表示，并绘出它们的 Bode 图，分析实测的 Bode 图产生误差的原因.

3. 用上位机实验时，根据由实验测得的二阶闭环频率特性曲线，写出该系统的闭环传递函数.

七、实验思考题

1. 在实验中如何选择输入正弦信号的幅值?

2. 用示波器测试相频特性时，若把信号发生器的正弦信号送入 Y 轴，被测系统的输出信号送至 X 轴，则根据椭圆光点的转动方向，如何确定相位的超前和滞后?

3. 根据上位机测得 Bode 图的幅频特性，就能确定系统(或环节)的相频特性，这在什么系统时才能实现?

八、附录

1. Bode 图的测试方法.

(1) 用示波器测幅频特性.

利用公式

$$G(j\omega)=\frac{Y_m}{X_m}=\frac{2Y_m}{2X_m}$$

改变输入信号的频率，测出相应的幅值比，并计算

$$L(\omega)=20\lg A(\omega)=20\lg \frac{2Y_m}{2X_m}(\mathrm{dB})$$

其测试方框图如图 10-27 所示.

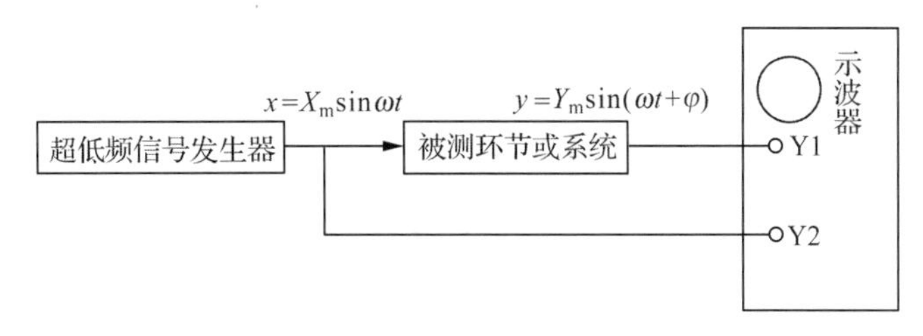

图 10-27　用示波器测幅频特性的方框图

(2) 用 PC(利用上位机提供的虚拟示波器和信号发生器)测幅频特性.

用 PC 测幅频特性的方框图如图 10-28 所示.

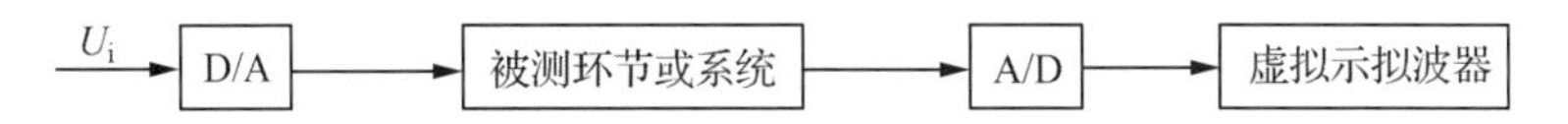

图 10-28　用虚拟示波器测幅频特性的方框图

2. 惯性环节.

惯性环节的传递函数为

$$G(S)=\frac{U_o(S)}{U_i(S)}=\frac{K}{TS+1}=\frac{1}{0.1S+1}$$

惯性环节的电路图如图 10-29 所示.

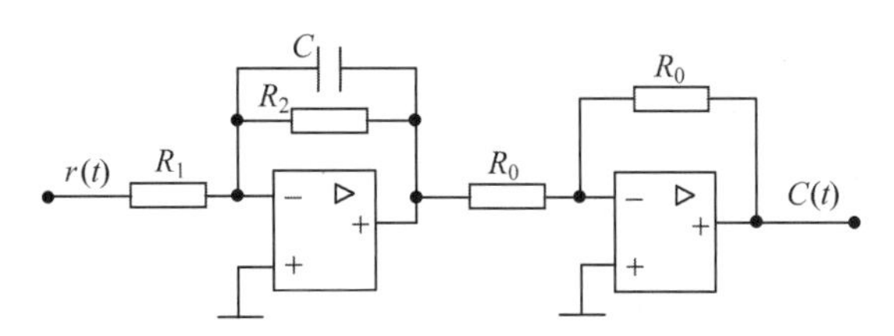

图 10-29　惯性环节的电路图

在图 10-29 中，$C=1\mu F$，$R_1=100k\Omega$，$R_2=100k\Omega$，$R_0=200k\Omega$.

惯性环节的幅频特性如图 10-30 所示.

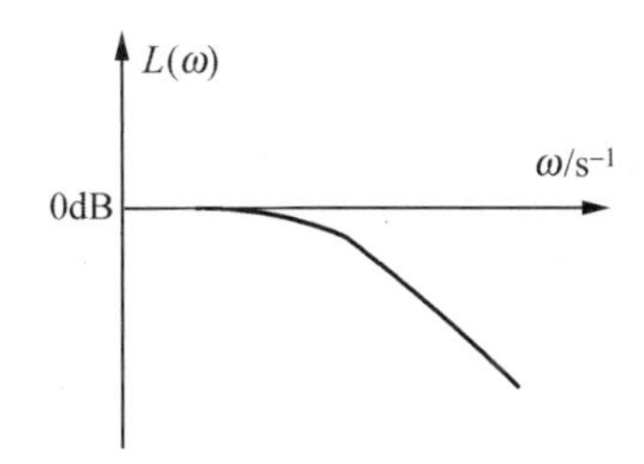

图 10-30　惯性环节的幅频特性

3. 二阶系统.

二阶系统的传递函数为

$$W(S)=\frac{1}{0.2S^2+S+1}=\frac{5}{S^2+5S+5}=\frac{\omega_n^2}{S^2+2\xi\omega_n S+\omega_n^2}$$

式中，$\omega_n=\sqrt{5}$，$\xi=\frac{5}{2\sqrt{5}}=\frac{\sqrt{5}}{2}=1.12$（过阻尼）.

二阶系统的方框图如图 10-31 所示.

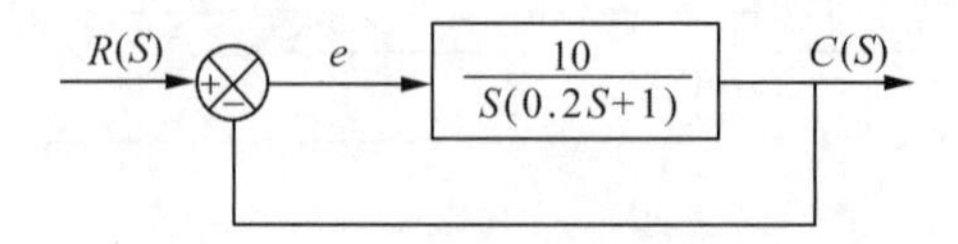

图 10-31　典型二阶系统的方框图

二阶系统的模拟电路图如图 10-32 所示.

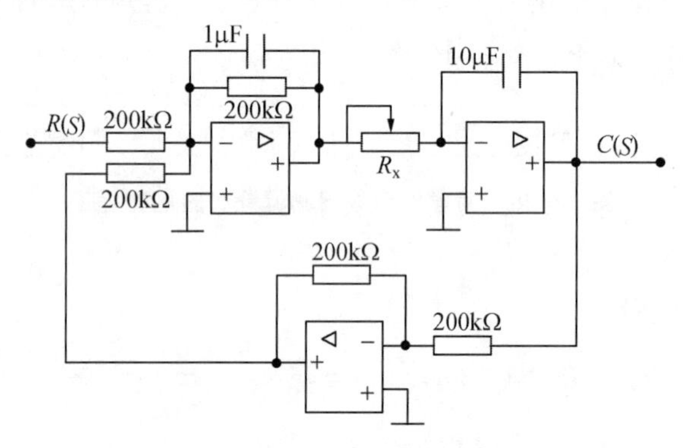

图 10-32　典型二阶系统的电路图

图 10-32 中 R_x 可调，这里可取 100kΩ($\xi>1$)、10kΩ($0<\xi<0.707$)两个典型值.

二阶系统的幅频特性如图 10-33 所示.

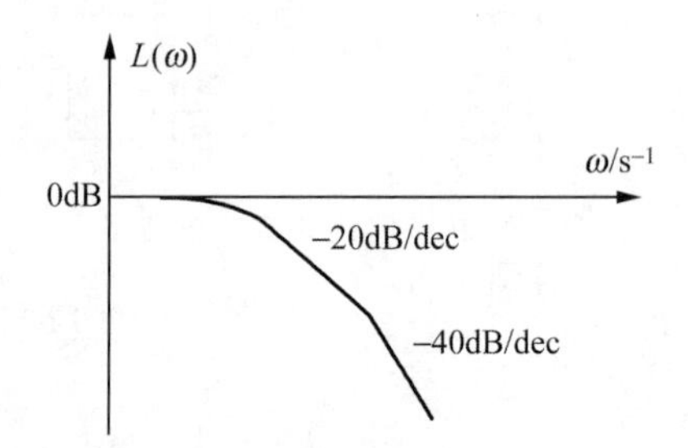

图 10-33　典型二阶系统的幅频特性($\xi>1$)

4. 无源滞后-超前校正网络.

无源滞后-超前校正网络的传递函数为

$$G_C(S)=\frac{(1+T_2S)(1+T_1S)}{(1+\beta T_2S)(1+T_1S/\beta)}$$

无源滞后-超前校正网络的模拟电路图如图 10-34 所示.

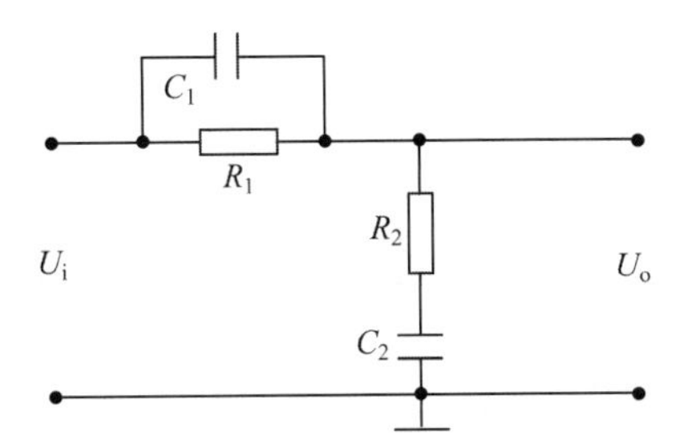

图 10-34　无源滞后-超前校正网络

在图 10-34 中，$R_1=100\text{k}\Omega$，$R_2=100\text{k}\Omega$，$C_1=0.1\mu\text{F}$，$C_2=1\mu\text{F}$.

无源滞后-超前校正网络的幅频特性如图 10-35 所示.

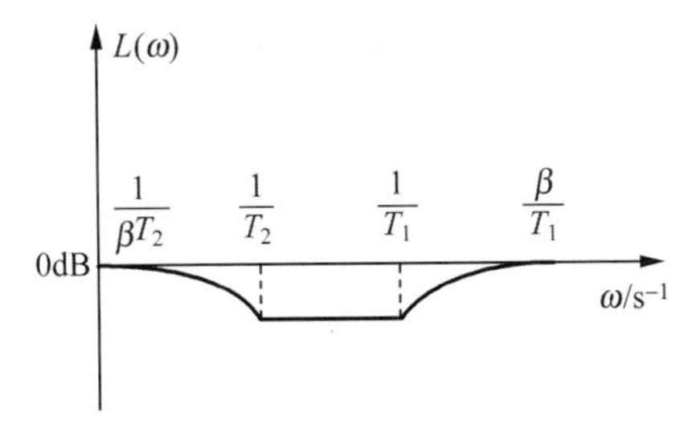

图 10-35　无源滞后-超前校正网络的幅频特性

项目十一 交直流调速系统

实验一 欧陆 514C 双闭环不可逆直流调速

一、安全要求

1. 教师应检查学生劳防用品穿戴情况.
2. 教师应检查学生工量具准备情况.

二、实验目的

1. 能分析闭环调速系统的原理.
2. 能完成欧陆 514C 不可逆调速装置的接线.
3. 能完成欧陆 514C 不可逆调速装置的调速运行,达到控制要求.

三、实验原理

1. 速度、电流双闭环调速系统.

(1) 生产工艺对调速系统的要求.

在工业控制领域,由于生产的需要和加工工艺的特点,许多生产机械经常处于启动、制动、反转的过渡过程中,其速度的变化能达到稳定运转的则速度图为梯形速度图.

从速度图可以看出,电动机在启动和制动过程的大部分时间是工作在过渡过程中的,如何缩短这一时间,充分发挥生产机械效率是生产工艺对调速系统提出的首要要求,并为此提出了“最佳过渡过程”的概念.

要使生产机械过渡过程最短,提高生产率,电动机在启动或制动时就必须产生最大启动(或制动)转矩.电动机可能产生的最大转矩会因其过载能力受限制.通常把充分利用电动机过载能力以获得最高生产率的过渡过程称为限制极值转矩的最佳过渡过程.这样,既要限制电动机启动时的最大允许电流,又要保证电动机能产生最大转矩.最佳过渡过程中各量(转速 n 及电流 I)的变化规律如图 11-1 所示.

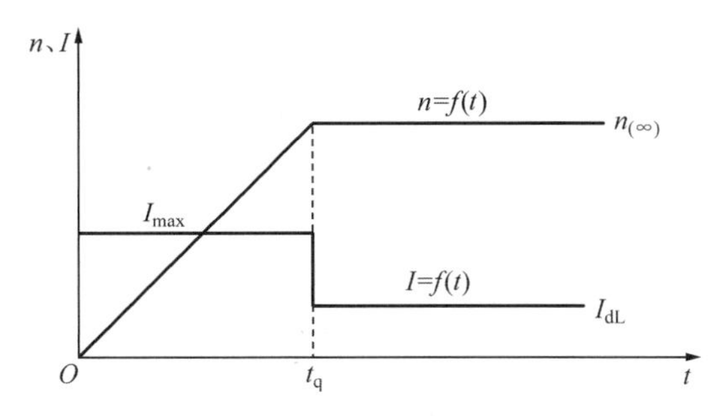

图 11-1 最佳过渡过程中各量的变化规律

在讨论动态电流变化规律时，忽视了主电路电感的影响. 实际上电动机的电枢电流不可能从零突变到最大值，总有一个上升过程. 因此，实际波形与上述情况不尽相同. 为了使电流接近理想波形，必须使电流在启动瞬间强迫迅速上升至系统最大值. 这就必须让晶闸管整流装置在启动初期提供最大整流输出电压，一旦电流达到 I_{max}，将电压突降至维持最大电流所需的数值，然后电压、转速按线性规律上升. 实际各量的变化规律如图 11-2 所示.

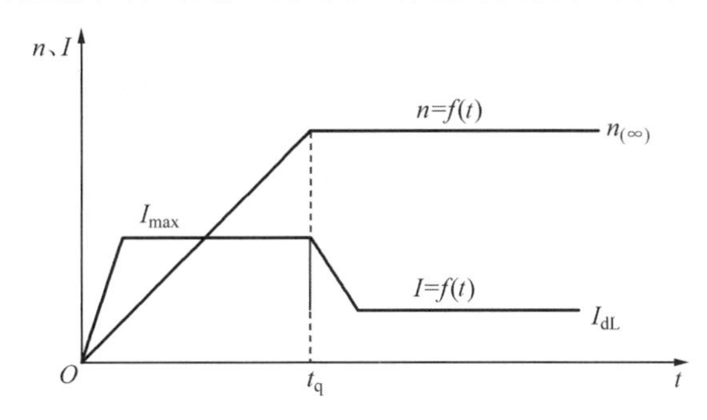

图 11-2 实际各量的变化规律

(2) 转速、电流双闭环调速系统的组成.

按照反馈控制规律，采用某个物理量的负反馈可以保持该量基本不变. 在允许的条件下，若要在启动过程中实现最快启动，关键是要有一个使电流保持为最大值的恒流过程，采用电流负反馈就能得到近似的恒流过程. 但应注意，在启动过程中只可有电流负反馈作用，不能让转速负反馈和它同时加到一个调节器的输入端；到达稳态转速后，只需要转速负反馈，不再靠电流负反馈发挥主要作用. 只有采用双闭环调速系统才能做到既存在转速和电流两种负反馈作用，又使它们分别在不同的阶段起作用.

为了实现在允许条件下的最快启动，引入一个电流调节器，使电动机在启动时有一个电流保持为最大值 I_{max}的恒流过程，启动过程结束，转入无静差的速度调节过程. 由于电流的变化率和速度的变化率相差较大，往往把电流调节和转速调节分开进行，将给定信号加到速度调节器输入端，速度调节器的输出为电流调节器的输入，电流调节器的输出去驱动晶闸管触发装置. 两个调节器互相配合、同时调节的系统，称为转速、电流双闭环直流调速系统，其系统原理图如图 11-3 所示.

为了实现转速和电流两种负反馈分别起作用，在系统中设置了两个调节器，一个调节电流，称为电流调节器，用 ACR 表示；另一个调节转速，称为速度调节器，用 ASR 表示. 二者之间实行串联，从闭环结构上看，电流调节环在里面，叫作内环；转速调节环在外边，叫作外环，如图 11-3 所示. 这就是说，把转速调节器的输出当作电流调节器的输入，再用电流调节器的输出去控制晶闸管整流器的触发装置. 这样就形成了转速、电流双闭环调速系统.

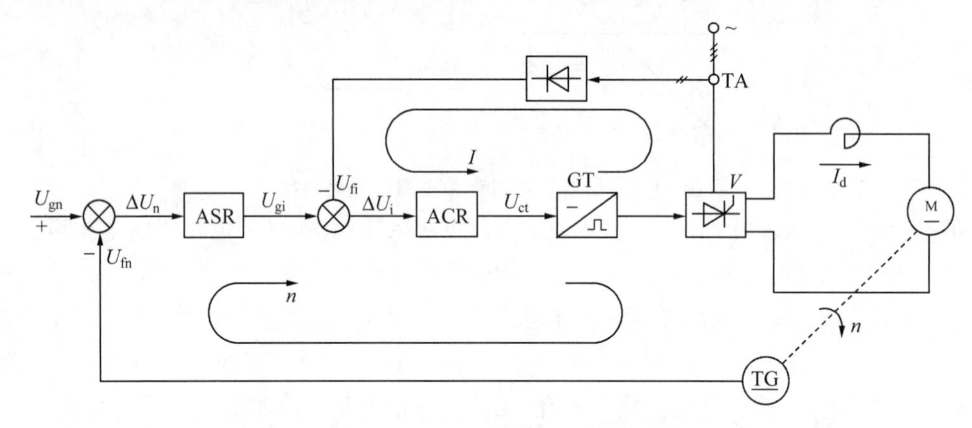

图 11-3 转速、电流双闭环系统原理图

为了获得良好的静、动态性能，双闭环调速系统的两个调节器一般都采用 PI 调节器，通常两个 PI 调节器的输出都是带限幅的，转速调节器 ASR 的输出限幅(饱和)电压决定了电流调节器给定电压的最大值；电流调节器 ACR 的输出限幅电压限制了晶闸管整流器输出电压的最大值.

(3) 双闭环系统的启动工作过程分析.

设置双闭环的一个重要目的就是要获得接近于理想的启动过程. 当对双闭环系统突加给定电压 U_{gn} 启动时，转速和电流的过渡过程如图 11-4 所示. 整个过渡过程可分为电流上升、恒流升速和转速调节三个阶段.

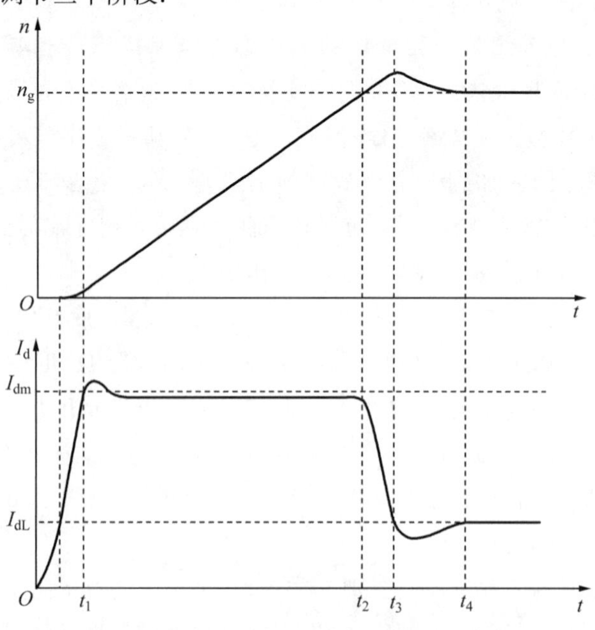

图 11-4 转速和电流的过渡过程

$0\sim t_1$ 段为电流上升阶段．突加给定电压 U_{gn}后，由于电动机惯性作用，电动机的转速增长较慢，所以转速负反馈电压很小，造成偏差电压 $\Delta U_n = U_{gn} - U_{fn}$数值较大，使得转速调节器 ASR 电流环的输入很快由零变为速度调节器 ASR 的饱和限幅电压 U_{gim}，强迫电流 I_d 迅速上升．当 I_d 上升至 I_{dm}，电流反馈电压 U_{fim}趋于或等于电流环给定电压 U_{gim}，电流调节器的作用使 I_d 不再上升，标志着这一阶段的结束．在这一阶段中，ASR 由不饱和很快达到饱和，ACR 一般不饱和，以达到保证电流环的调节作用的目的．

$t_1\sim t_2$ 段为恒流升速阶段．从电流升到最大值 I_{dm}开始，电动机转速 n 线性上升．在这一阶段中，转速调节器 ASR 一直饱和，系统在恒流给定 u_{gim}作用下进行电流调节，与此同时电动机的反电动势 E_a 正比于转速线性上升，欲使电枢电流下降．电枢电流一旦减小，u_{fi}就会减小，反馈到 ACR 输入端，产生了偏差电压 $\Delta U_i = U_{gim} - U_{fi} > 0$．$\Delta U_i$ 使 ACR 继续积分，其输出 U_{ct}线性增大，从而保证了 U_d 随 E_a 的增长而等速增长，维持 $U_d - E_a = I_{dm}R$ 不变，即获得恒流升速，到电动机转速上升到给定值 n_g．

$t_2\sim t_3$ 段为转速调节阶段．电动机转速上升至略大于给定转速 n_g 时，速度调节器输入信号 ΔU_n 变负，并在一段时间内受负偏差电压控制，ASR 退出饱和，其输出电压（即 u_{gi}）使主电流 I_d 下降．此时 ASR 与 ACR 都不饱和，两个调节器同时起调节作用，由于转速环为外环，所以 ASR 处于主导作用，使得转速逐渐下降至给定转速 n_g．

（4）负载扰动过程分析．

电动机在一定负载转矩 T_{L1}下以给定转速 n_g 稳定运转时，若负载突然增加为 T_{L2}，因为电磁转矩 T_c 尚未改变，故造成 $T_c < T_{L2}$，使转速下降．然而，双闭环系统具有克服这种转速降落、使电动机恢复到给定转速 n_g 运行的能力．系统会自动进行调整，调整过程如下：

$$I_{fz}\uparrow \rightarrow n\downarrow \rightarrow U_{fn}\downarrow \rightarrow \Delta U_n\uparrow \rightarrow U_{gi}\uparrow \rightarrow U_c\uparrow \rightarrow \alpha\downarrow \rightarrow U_d\uparrow \rightarrow n\uparrow$$

一旦电动机转速下降，反馈电压 U_{fn}亦随之下降，转速调节器 ASR 的输入偏差电压增大，其输出 U_{gi}加大．电流调节器 ACR 输入偏差电压随 U_{gi}的加大而变大，其输出电压 U_{ct}使晶闸管变流器的触发角减小，变流器整流电压 U_d 增大，使电枢电流 I_d 跟着增大，电动机产生的电磁转矩增加，转速得以回升．全部变化过程如图 11-5 所示的波形．

图 11-5 中在 t_0 时刻负载转矩由 T_{L1}阶段跳跃变为 T_{L2}，转速 n 下降而偏离给定值 n_g，速度调节器 ASR 输入出现偏差，其输出 U_{gi}增大，于是电枢电流 I_d 随之增大，这就是电流环的调节作用．I_d 从原来与负载转矩 T_{L1}相对应的电流值 I_{L1}上升．当 U_{gi}上升到超过新负载下稳定值 U_{gi2}时，电枢电流上升至 $I_d = I_{L2}$，达到转矩平衡条件 $T_c = T_{L2}$，亦即 $I_a = I_{L2}$，转速 n 不再下降，即 t_1 时刻对应的情况．

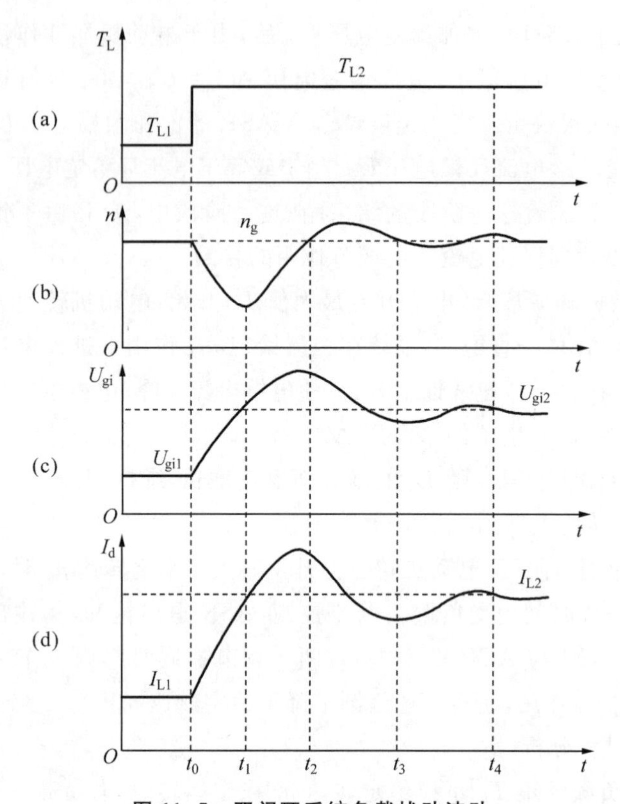

图 11-5　双闭环系统负载扰动波动

但是，由图 11-5(b)可见，在 t_1 时刻及以后期间电动机转速 n 仍小于给定值 n_g，即转速反馈电压 U_{fn} 仍低于给定电压 U_{gd}，所以转速调节器 ASR 输入仍有正偏差电压，输出 U_{gi} 继续积分增长，以致超过 U_{gi2}. 由于电流调节环的作用，I_d 总是跟随 U_{gi} 变化，于是 I_d 继续上升超过 I_{L2}. 电磁转矩 T_c 超过负载转矩 T_{L2} 使转速 n 回升，在 t_2 时刻 n 达到给定值 n_g，即 $n=n_g$，t_2 时刻 ASR 输入偏差为零，其输出停止积分增长，U_{gi} 达到顶峰值. U_{gi} 停止增加，在电流调节环的作用下，晶闸管变流器的整流电压停止增大，电动机电枢电压 U_d 也停止增加.

t_2 时刻以后，仍然存在 $T_c > T_{L2}$ 的情况，所以出现了转速 n 的超调，ASR 输入反向偏差电压，其输出 U_{gi} 积分下降，直到 t_3 时刻 $n=n_g$ 时停止下降. 而这时因为 $U_{gi} < U_{gi2}$，$I_d < I_{L2}$，使转速再次降低至小于给定转速 n_g. 经过一次或几次振荡获得稳定，图中 t_4 时刻，转速进入系统规定误差范围，结束过渡过程.

系统动态过程结束，在新的负载下稳定运行，系统转速给定电压 U_{gn} 并未变，电动机运行转速 n_g 也未改变，但是，电流环的给定电压 U_{gi} 加大了，同时晶闸管变流器的控制电压加大了，电动机电枢电压也加大了. 这正是因为负载转矩加大后，电枢电流须加大，满足转矩平衡的条件，以维持转速不变.

依据以上分析可以看出，克服负载扰动的主要环节是转速环，而电流环在调节过程中只起电流跟随作用. 表面上看在不设电流环的单独转速反馈系统中，可以避免 ACR 的积分输出延缓作用，加快调节过程. 但实际情况是，电流环具有加快调节电枢电流到达 I_{L2} 的能力，它可以等效为一个小时间常数的惯性环节，从而加快了系统响应速度，使转速降落能迅速恢复. 另外，如果系统原来处于轻载工作状态，在负载突然加大使转速降得很多时，ASR 输出进入饱和状态，它还能辅以类似恒流升速，既避免了电枢电流过大，又加快了恢复过程.

2. 欧陆 514C 调速装置.

欧陆 514C 控制系统是英国欧陆驱动器器件公司生产的一种以运算放大器作为调节元件的模拟式直流可逆调速系统. 欧陆 514C 用于对他励式直流电动机或永磁式直流电动机的速度进行控制，能控制电动机的转速在四象限中运行. 它由两组反并联连接的晶闸管模块、驱动电源印刷电路板、控制电路印刷电路板和面板四部分组成.

欧陆 514C 使用单相交流电源，主电源可由一个开关进行选择(采用～220V，50Hz). 直流电动机的速度是通过一个带反馈的线性闭环系统来实现控制的. 反馈信号来源通过一个开关进行选择，可使用转速负反馈，也可使用控制器内部的电枢电压负反馈电流正反馈补偿方式.

欧陆 514C 控制回路是一个外环为速度环、内环为电流环的双闭环调速系统，同时采用了无环流控制器对电流调节器的输出进行控制，分别触发正、反组晶闸管单相全控桥式整流电路，以控制电动机正、反转的四象限运行.

四、实验要求

1. 根据课题的要求，按照图 11-7 完成线路的接线.
2. 按照步骤要求进行线路的调试.
3. 时间：60 分钟.

五、实验仪器

1. 欧陆 514C 控制器(1 台).
2. 直流他励电动机(1 台).
3. 直流他励发电机(1 台).
4. 直流测速发电机(1 台).
5. 接触器(1 台).
6. 带锁按钮板(1 块).
7. 电流表(1 块).
8. 电压表(1 块).
9. 转速表(1 块).
10. 万用表(1 块).
11. 可调电阻箱(1 个).
12. 连接导线(若干).

六、实验步骤

1. 接线.

(1) 根据课题的要求,按图 11-7 完成线路的接线.

(2) 检查接线正确无误后通电调试.

(3) 运行调试,调试结果应达到指导老师的要求.

2. 通电调试.

(1) 将象限开关置于"单象限"外.

(2) 将电阻箱 R 调为最大(轻载启动).

(3) 将 R_{W2} 电流限幅调到 7.5V(150%标定电流).

(4) 按下 SB14,可听到接触器吸合.

(5) 按下 SB15,调整 R_{W1} 给定电压,电机能跟随 R_{W1} 的变化稳定旋转.

(6) 调整 R_{W1} 给定电压为 0,调节 P11,使电动机转速为 0.

(7) 调整 R_{W1} 给定电压为 6V,调节 P10,使电动机转速为 1200r/min.

七、实验预习要求

预习实验相关内容,熟悉图 11-6、图 11-7 及表 1-1、表 1-2 中的内容.

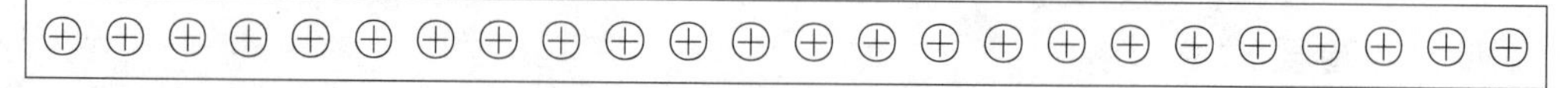

24 23 22 21 20 19 18 17 16 15 14 13 12 11 10 9 8 7 6 5 4 3 2 1

图 11-6 欧陆 514C 控制器控制接线端子分布图

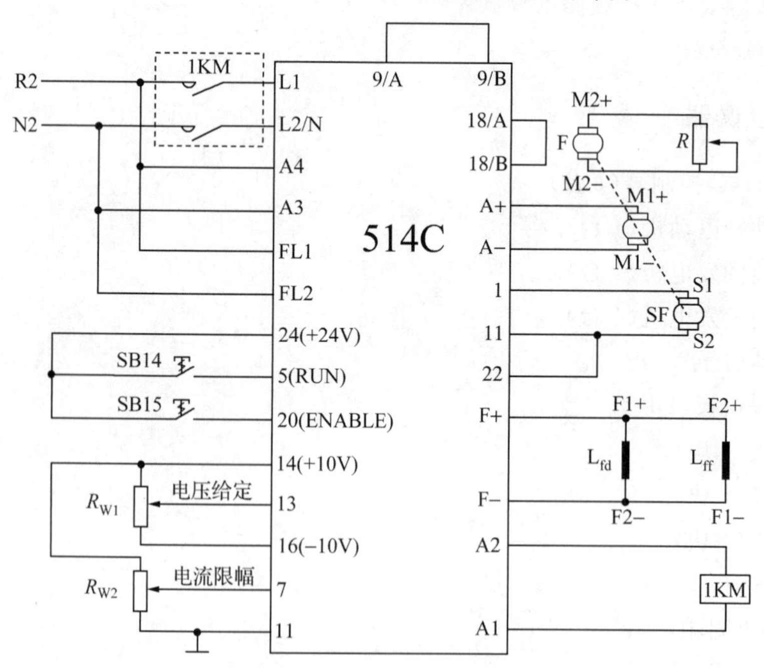

图 11-7 欧陆 514C 接线图

表 11-1　电源接线端子功能

端子号	
L1	接交流主电源输入相线 1
L2/N	接交流主电源输入相线 2/中线
A1	接交流电源接触器线圈
A2	接交流电源接触器线圈
A3	接辅助交流电源中线
A4	接辅助交流电源相线
FL1	接励磁整流电源
FL2	接励磁整流电源
A+	接电动机电枢正极
A−	接电动机电枢负极
F+	接电动机励磁正极
F−	接电动机励磁负极

表 11-2　控制端功能

端子号	功　能	说　　明
1	测速反馈信号输入端	接测速发电机输入信号，根据电机转速要求，设置测速发电机反馈信号大小，最大电压为 350V
2	未使用	—
3	转速表信号输出端	模拟量输出 0～±10V，对应 0～100%的转速
4	未使用	—
5	运行控制端	24V 运行，0V 停止
6	电流信号输出	SW1/5=OFF 电流值双极性输出 SW1/5=ON 电流值输出
7	转矩/电流极限输入端	模拟量输入 0～+7.5V 对应 0～150%标定电流
8	0V 公共端	模拟/数字信号公共地
9	给定积分输出端	0～±10V，对应 0～±100%积分给定
10	辅助速度给定输入端	模拟量输入 0～±10V，对应 0～±100%速度
11	0V 公共端	—
12	速度总给定输出端	模拟量输出 0～±10V，对应 0～100%速度
13	积分给定输入端	模拟量输入 0～− 10V，对应 0～100%反转速度 0～+10V，对应 0～100%正转速度
14	+10V 电源输入端	输出+10V 电源

续表

端子号	功 能	说 明
15	故障排除输入端	数字量输入 故障检测电路复位输入+10V 为故障排除
16	-10V 电源输出端	输出-10V 电源
17	负极性速度给定修正输入端	模拟量输入 0~-10V,对应 0~100%正转速度 0~+10V,对应 0~100%反转速度
18	电流给定输入/输出端	模拟量输入/输出 SW1/8=OFF 电流给定输入 SW1/8=ON 电流给定输出 0~±7.5V 对应 0~±150%标定电流
19	"正常"信号端	数字量输出 +24V 为正常无故障
20	使能输入端	控制器使能输入 +10~+24V 为允许输入 0V 为禁止输入
21	速度总给定反向输出	模拟量输出 -10~0V 对应 0~100%正向速度
22	热敏电阻/低温传感器输入端	热敏电阻或低温传感器 <200Ω 正常 >1800Ω 过热
23	零速/零给定输出端	数字量输出 +24V 为停止/零速给定 0V 为运行/无零速给定
24	+24V 电源输出端	输出+24V 电源

八、实验报告要求

实验报告内容应包含:实验目的、实验任务、操作步骤、实验结果(绘制调节特性曲线、绘制静特性曲线).

实验二 欧陆 514C 双闭环可逆直流调速

一、安全要求

1. 只有在教师许可下才能上电调试.
2. 教师应检查学生劳防用品穿戴情况.

3. 教师应检查学生工量具准备情况.

二、实验目的

1. 能分析双闭环可逆调速系统的原理.
2. 能完成欧陆 514C 可逆调速装置的接线.
3. 能完成欧陆 514C 可逆调速装置的调试运行,达到控制要求.

三、实验原理

欧陆 514C 控制系统是英国欧陆驱动器器件公司生产的一种以运算放大器作为调节元件的模拟式直流可逆调速系统.欧陆 514C 用于对他励式直流电动机或永磁式直流电动机的速度进行控制,能控制电动机的转速在四象限中的运行,由两组反并联连接的晶闸管模块、驱动电源印刷电路板、控制电路印刷电路板和面板四部分组成.

欧陆 514C 使用单相交流电源,主电源可由一个开关进行选择(采用～220V,50Hz).直流电动机的速度通过一个带反馈的线性闭环系统来控制.反馈信号来源可通过一个开关进行选择,可使用转速负反馈,也可使用控制器内部的电枢电压负反馈电流正反馈补偿方式.

欧陆 514C 控制回路是一个外环为速度环、内环为电流环的双闭环调速系统,同时采用无环流控制器对电流调节器的输出进行控制,分别触发正、反组晶闸管单相全控桥式整流电路,以控制电动机正、反转的四象限运行.

四、实验要求

1. 根据课题的要求,按照图 11-8 完成线路的接线.
2. 按照步骤要求进行线路的调试.
3. 时间:60 分钟.

五、实验仪器

1. 欧陆 514C 控制器(1 台).
2. 直流他励电动机(1 台).
3. 直流他励发电机(1 台).
4. 直流测速发电机(1 台).
5. 接触器(1 台).
6. 带锁按钮板(1 块).
7. 电流表(1 块).
8. 电压表(1 块).
9. 转速表(1 块).
10. 万用表(1 块).
11. 可调电阻箱(1 个).

12. 连接导线(若干).

六、实验步骤

1. 接线.

(1) 根据课题的要求,按图 11-8 完成线路的接线.

(2) 检查接线正确无误后通电调试.

(3) 运行调试达到指导老师的要求.

2. 通电调试.

技能操作接线图如图 11-8 所示,在确定接线无误的情况下,经教师检查后通电.

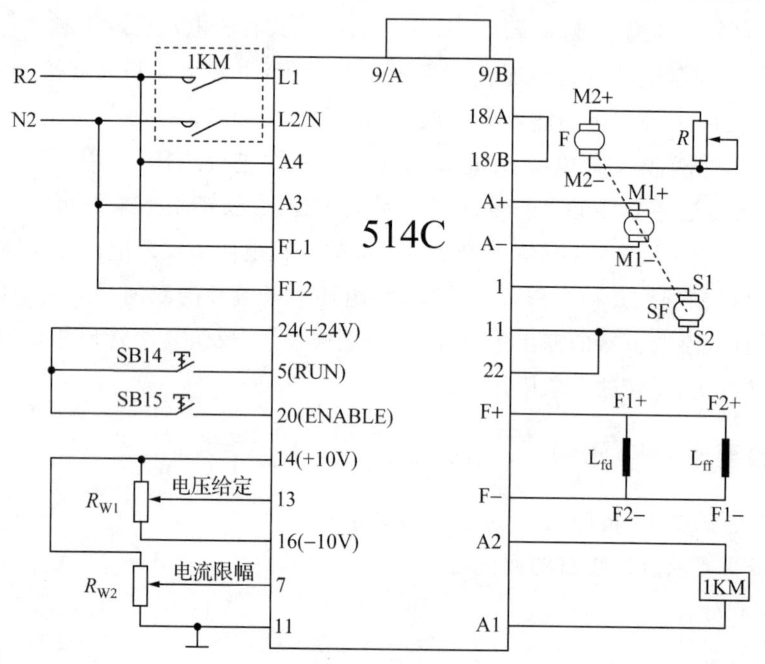

图 11-8 接线图

(1) 将象限开关置于“四象限”处.

(2) 将电阻箱 R 调为最大(轻载启动).

(3) 按下 SB14,可听到接触器吸合.

(4) 将 R_{W2} 电流限幅调为 7.5V(150%标定电流).

(5) 按下 SB15,调整 R_{W1} 给定电压,电机能跟随 R_{W1} 的变化稳定旋转.

(6) 调整 R_{W1} 给定电压为 0,调节 P11 调零.

(7) 调整 R_{W1} 给定电压为 6V,调节 P10 使电动机转速为 1200r/min.

3. 绘制调节特性曲线.

设定给定电压 U_{gn} 为 0～5V,使电机转速 n 为 0～800r/min. 实测并标明电压和转速,将相关数据填入表 11-3 中,并绘制调节特性曲线.

表 11-3　数据表

U_{gn}/V	−800	−600	−400	0	400	600	800
U_d/V							
n/(r/min)							

4. 绘制静特性曲线.

设定给定电压 U_{gn} 为 0～3.5V，使电机转速 n 为 0～800r/min. 实测并记录 n=750r/min 时的静态特性，标明电压和转速，将相关数据填入表 11-4 中.

表 11-4　数据表

I_d/A	空载	−1.7	−1	−0.4	0.4	1	1.7
n/(r/min)							
U_d/V							

实验三　变频器的面板控制实验

一、安全要求

1. 只有在教师许可下才能上电调试.
2. 教师应检查学生劳防用品穿戴情况.
3. 教师检查学生工具准备情况.

二、实验目的

1. 能对西门子 MM420 变频器进行安装接线.
2. 能对西门子 MM420 变频器进行基本参数设置，使用面板控制西门子 MM420 变频器.

三、实验仪器

1. 西门子 MM420 变频器(1 台).
2. 三相交流异步电动机(1 台).
3. 连接导线(若干).

四、实验步骤

按图 11-9 所示进行接线，在确定接线无误的情况下，经教师检查后通电.

1. 将变频器复位为工厂的缺省设定值.

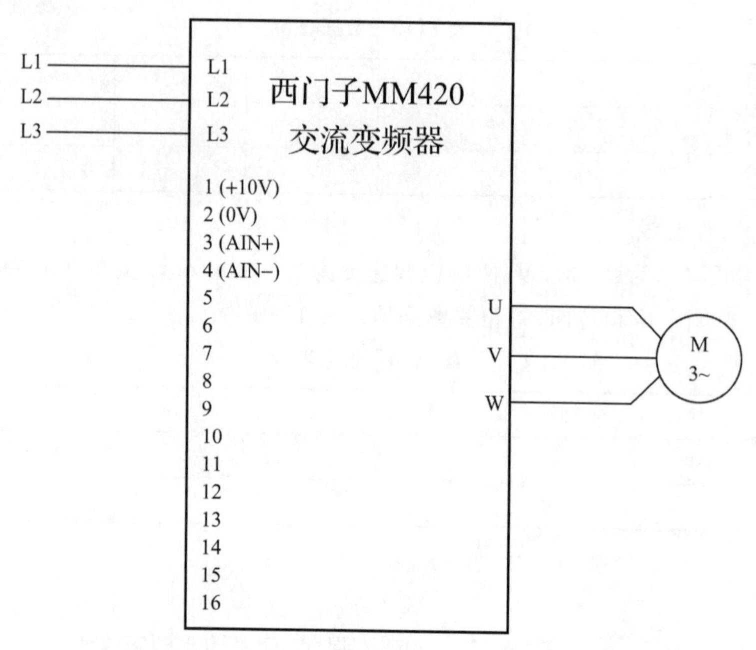

图 11-9 接线图

(1) 设定 P0010＝30.

(2) 设定 P0970＝1,恢复出厂设置.

大约需要 10 秒才能完成复位的全部过程,将变频器的参数复位为工厂的缺省设置值.

2. 设置电机参数.

用于参数化的电动机铭牌数据如下.

(1) P0010＝1,快速调试.

(2) P0100＝0,使用的功率(kW),频率默认为 50Hz.

(3) P0304＝220,电动机额定电压(V).

(4) P0305＝1.81,电动机额定电流(A).

(5) P0307＝0.37,电动机额定功率(kW).

(6) P0310＝50,电动机额定频率(Hz).

(7) P0311＝1400,电动机额定转速(rpm).

3. 面板操作控制.

(1) P0010＝1,快速调试.

(2) P1120＝5,斜坡上升时间.

(3) P1121＝5,斜坡下降时间.

(4) P0700＝1,选择由键盘输入设定值(选择命令源).

(5) P1000＝1,选择由键盘(电动电位计)输入设定值.

(6) P1080＝0,最低频率.

(7) P1082＝50,最高频率.

(8) P0010＝0,准备运行.

(9) P0003=2,用户访问等级为扩展级.

(10) P0004=10,选择“设定值通道及斜坡发生器”.

(11) P1032=0,允许反向.

(12) P1040=30,设定键盘控制的设定频率.

(13) 在变频器的操作面板上按下运行键,变频器就将驱动电机在 P1120 所设定的上升时间升速,并运行在由 P1040 所设定的频率值上.

(14) 如果需要,可直接通过操作面板上的增加键或减少键来改变电动机的运行频率及旋转方向.

(15) 在变频器的操作面板上按下停止键,变频器就将驱动电机在 P1121 所设定的下降时间驱动电机减速至零.

实验时间为:60 分钟.

实验四　变频器的端口控制实验

一、安全要求

1. 只有在教师许可下才能上电调试.
2. 教师应检查学生劳防用品穿戴情况.
3. 教师应检查学生工具准备情况.

二、实验目的

1. 能对西门子 MM420 变频器进行安装接线.
2. 能对西门子 MM420 变频器进行基本参数设置,使用端口控制西门子 MM420 变频器.

三、实验仪器

1. 西门子 MM420 变频器(1 台).
2. 三相交流异步电动机(1 台).
3. 连接导线(若干).

四、实验要求

1. 实现通过调节电位器进行转速的调节.
2. 通过外接按钮实现正转启动、反转启动、正变反或反变正功能.

五、实验步骤

按图 11-10 所示进行接线，在确定接线无误的情况下，经教师检查后通电.

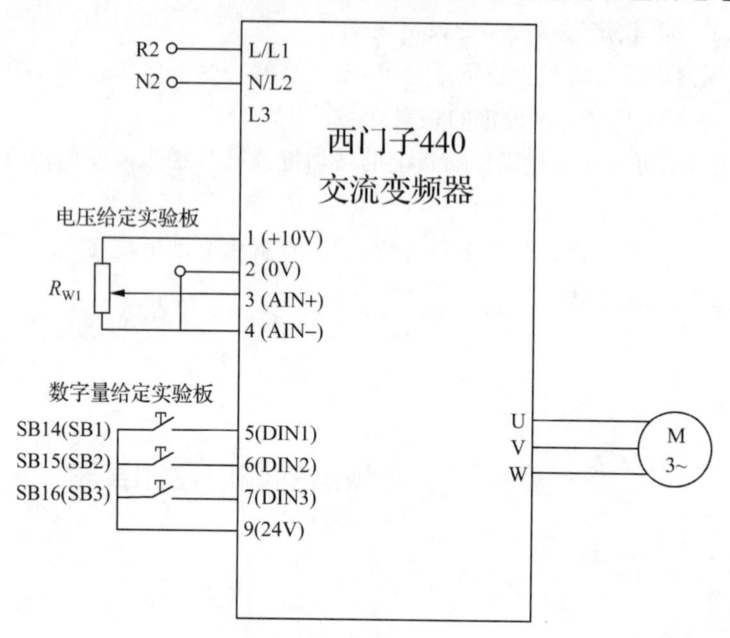

图 11-10 接线图

1. 将变频器复位为工厂的缺省设定值.

(1) 设定 P0010＝30.

(2) 设定 P0970＝1，恢复出厂设置.

大约需要 10 秒才能完成复位的全部过程，将变频器的参数复位为工厂的缺省设置值.

2. 设置电机参数.

用于参数化的电动机铭牌数据如下：

(1) P0010＝1，快速调试.

(2) P0304＝220，电动机额定电压(V).

(3) P0305＝1.81，电动机额定电流(A).

(4) P0307＝0.37，电动机额定功率(kW).

(5) P0310＝50，电动机额定频率(Hz).

(6) P0311＝1400，电动机额定转速(rpm).

3. 端口操作控制.

(1) P0010＝0，准备.

(2) P0003＝3，专家级.

(3) P0005＝22，实际转速.

(4) P0100＝0，欧洲标准.

(5) P1080＝0，最低频率.

(6) P1082=50,最高频率.
(7) P1120=10,斜坡上升时间.
(8) P1121=5,斜坡下降时间.
(9) P0700=2,选择端子排(选择命令源).
(10) P1000=2,模拟(电位计)输入设定值.
(11) P 0701=1,正转加启动.
(12) P0702=2,反转加启动.
(13) P0703=12,正变反,反变正.
长按 F_n 键 2s 进入实时显示界面.